ROSALINA'S KITCHEN

蘿潔塔的廚房

100道家庭療癒料理，每天都想進廚房

家庭料理研究家——蘿潔塔 著

004 〈自序〉當個媽媽，
也可以是家庭料理研究家及美食攝影師

PART
1

蘿潔塔的廚房風景 007

一、好鍋、好刀、好佐料

二、4 種常備高湯：讓中西料理都能更完滿

PART
2

讓餐桌升級的 100 種食譜

 雞肉料理的幸福味道...................032

鹽水雞＋怪味雞、無水番茄咖哩雞、檸檬蒜香烤雞腿、三杯雞、打拋雞
迷迭香檸檬烤全雞、干貝刈菜雞、醋漬雙菇南蠻炸雞、櫻花蝦海苔炸雞
蔥燒雞、照燒雞、榨菜雞湯、雞肉五目炊飯、紹興蒸雞腿飯、湯烏龍咖哩
泡菜冷麵、雞白湯拉麵、一款料理變出 6 個美味便當

把豬肉料理得好澎湃.....................074

蘿潔塔手切滷肉飯、馬鈴薯燉肉、日式角煮、日式蘿蔔燉肉
和風肉醬味噌咖哩、香烤豬肋排飯、三菇豚汁味噌湯、豆豉芹菜炒松阪豬
豆豉排骨、青椒炒肉絲、珍珠丸子、高升排骨、大阪燒、古早味鹹湯圓
家常酸辣湯、夜市皮蛋瘦肉粥、高麗菜水餃、鑄鐵鍋油飯、榨菜肉絲麵
番茄培根義大利麵、豪華版炒米粉、古早味芋頭米粉湯

魚鮮海味當主角...........................122

西班牙蒜蝦、舞菇海鮮春雨、蔬菜海鮮煎餅、蝦仁燒賣、泰式海鮮酸辣湯
超好喝鱸魚湯、鮮蝦粉絲煲、三菇蛤蜊炊飯、藜麥鮭魚蛋炒飯
鮮蝦番茄藜麥燉飯、西班牙海鮮燉飯、海瓜子番茄義大利麵
番茄海鮮義大利麵、家常海鮮粥

🐂 想吃牛肉的時候 154

紅油金錢肚、清燉牛肉湯、紅酒燉牛肉、韓式部隊鍋、羅宋湯（牛肉蔬菜湯）
經典日式咖哩牛

🥕 蔬菜和蛋的料理食尚 168

日式三色丼、水蒸式半熟蛋＋溏心蛋、紅蘿蔔烘蛋、番茄炒蛋、番茄蛋花湯
炒牛蒡紅蘿蔔絲、酸辣土豆絲、滑蛋雙菇燴飯、煸炒干貝蘿蔔絲
日式南瓜佃煮、烤脆皮薯條、筍子炊飯

🍶 簡單好吃拌麵、涼拌菜、沙拉 194

五目涼拌菜、涼拌黑木耳、涼拌小黃瓜、芒果雞胸沙拉佐義大利油醋醬
自製烤麩、手作涼皮、番茄秋葵素麵、三菇拌麵、沖繩風紅油拌麵
自製油蔥酥拌麵

🥄 甜鹹古早味小點 218

紅豆年糕、汽水炸年糕、黑糖八寶粥、福壽八寶年糕、黑糖發糕、
米香黑糖糕、自製芝麻＋花生湯圓、臘味蘿蔔糕、簡易版無水蘿蔔糕

🍮 玩烘焙，好療癒 242

免揉麵包、手揉白吐司（水合法）、牛奶優格吐司
柳橙風味小餐包（平底鍋版）、鑄鐵鍋奶油小餐包
檸檬卡士達麵包、口袋餅、巧克力布朗尼、水果優格馬芬
檸檬優格磅蛋糕

《序》

當個媽媽，也可以是家庭料理研究家及美食攝影師

　　這本書能出版，我想除了要感謝持家男（老公）外，還有 Facebook 及 Youtube 上所有的粉絲們，謝謝你們不斷的鼓勵支持我到現在，才能有這本書的誕生。

　　我從來就不是一個能夠按照自己計畫進行的人，包括成立料理分享粉絲團也只是一時好玩興起的。當時覺得當部落客好像是一份自由、有趣的工作，反正我每天也會料理三餐，不過就是把自家的餐桌拍拍照而已，對我來說並沒有什麼損失，也可以跟網路上的人互相交流，有何不可？

　　在自己投入了時間跟精力之後，才深深體會，作為一個社群創作者或是 Youtuber 並不是我所想的那樣純真美好──不是拿起相機拍就有觀眾看，也不是人人都為你鼓掌加油。

　　真正的事實則是：身為一個料理影片創作者、Youtuber，除了要不斷的創作，還要有很強的 EQ，在辛苦產出影片之後，能勇敢接下匿名者（綽號：酸民）給你一個毫無理由的爛評價。

　　料理影片創作者每天的生活動態是什麼？簡單四個字：單調乏味。塔塔的一天生活如下：一早醒來打開手機就先回覆大家 FB、YT 上百則的留言及私訊，盥洗整理完畢就上市場買菜，接著就在拍攝、料理、剪片、配音、回答問題的循環中度過一天，接小女兒回家後繼續忙碌，一直到晚上睡前還是不忘再回一下大家的提問。現在雖然有種職業叫做小編，但是塔塔依然堅持親自回覆粉絲的問題，每個粉絲對我來說就是朋友，我認為自己回答是對粉絲的一種尊重。

除了拍攝料理影片，還要抽空研究新菜食譜。食譜的細節，我從不馬虎，因為塔塔知道粉絲都會動手去做，所以每一道菜一定要做到自己滿意為止；而且所有料理製作流程自己必須要實做好幾遍，才動手開拍，以確定料理步驟的流暢，照著做都能輕易成功，口味也必須喜歡。家中每天的餐點就是成功或失敗的新菜，常有人羨慕持家男，每天都有好吃的料理，我想，等你吃過一整個月名為「貢丸」但是其實是失敗的肉球再來羨慕他（笑）。我們的生活其實已經和料理影片創作結合在一起。

　　除了料理研究家的角色，我也身兼美食攝影師；或許你曾經懷疑，這樣的拍攝需要多大的場地？追隨粉絲團很久的老粉，有看過我早期的影片，應該不難發現我都是靠在一個透光玻璃磚牆邊拍攝的，角落只有一張木桌，大概不到半坪的狹小空間，要擺燈，要放攝影設備，還要塞下我這攝影師來控制畫面。拍片料理過程中，除了手要去料理烹煮，也要兼顧攝影師的角色把鏡頭顧好，眼睛一邊看鏡頭外的料理、手要怎樣擺弄，也需要不時把視線停在相機螢幕上，看看畫面對不對、燈光需不需要喬一下、有沒有不該入鏡的道具要搬開？一個人要同時身兼導演、演員、攝影師、燈光。更慘的是那個角落沒有洗手台，為了保持畫面整潔感，還要來來回回跑回廚房清洗擦拭道具及洗手，不停的把道具、桌子、背板搬過來、搬過去，做不同角度的變化。辛苦拍了一天，但剪輯完後的影片呈現給大家，大概只有幾分鐘而已，這些拍攝的心酸，是很多人都不能體會的。

　　既然工作這麼辛苦，為什麼還要繼續堅持下去呢？因為自從開始創作影片，得到很多粉絲的熱情回饋，很多本來不下廚、不會做菜的人都能進得了廚房，做出讓家人開心的料理；想到自己的創作能幫助很多人，這種工作不管再苦，聽起來就是很棒的一件事！

這本書也希望能把影片中的食材、步驟整理清楚，影片看過之後，再翻閱書中精華重點，讓大家一書在手，食材準備好，不用再三停格看影片也能輕鬆做好料理。

我自認沒有料理的天分，所以我永遠不會是個廚師，但是我定位自己是一名家庭料理研究家——研究如何做出撫慰家中每個人的心的家庭料理；我也是一個美食攝影師，努力拍出療癒人心的影片。

家庭料理研究是一種值得投入的「活動」，我鼓勵大家一起投入，單單想到家人跟朋友，吃到自己親手料理的那份驚喜及感動，就非常值得學習下去。希望這本書能幫助新手很快入門，有料理經驗的人也能從書中找到很多靈感，那就是塔塔把作品出版成書的目的。

最後感謝寫樂文化的樹穎主編及全體員工，沒有他們也就沒有這本書。

蘿潔塔的廚房風景

PART
1

不管是唰唰唰的爽快切菜聲，
還是咕嚕咕嚕的燉湯畫面，
做菜，是如此療癒滿足之事！

01
好鍋、好刀、好佐料

02
4 種常備高湯：
讓中西料理都能更完滿

廚房裡的鍋具四寶

　　無可否認，當令的旬物食材，絕對是好吃料理的關鍵靈魂，一塊新鮮、品質好的雞肉不必過多調味，輕醃後簡單煎或煮，味道和超市冷凍雞肉就是不一樣。但塔塔要跟大家分享，挑好食材固然是重點，但身為一個從只會煮茶水的平凡主婦，到現在因為熱愛拍攝料理影片，必須不斷實驗各國料理的「煮婦」，我深深體悟，你的廚房真的不需要太複雜的工具，也不需準備太麻煩的佐料，有好用的鍋具在手、常備幾款品質好的基本調味料，就算是刀工無能、火候不熟的料理苦手（菜鳥）也能事半功倍！

　　塔塔的烹調習慣大多是以簡單快炒、水煮、汆燙、燉煮為主，盡量少用油炸、煎炸等方式，料理完後清理廚房也輕鬆很多！

　　常常看「蘿潔塔的廚房」影片的人會發現，我很愛研究各式鍋具，也很愛幫自己的料理「挑衣服」——我會根據不同菜色挑不同鍋具來烹煮，但說實話，無論是炒青菜、炒肉絲，或是必須有點變化性的燜、燉、熬、炸等料理方式，我真心建議，對一般 2~5 人左右的小家庭來說，根本不需要太複雜的鍋具，只要有以下的鍋具四寶，幾乎可以囊括各種烹調方式的需求——不沾鍋、不鏽鋼鍋、鑄鐵鍋、壓力鍋。

　　做菜簡單化就好，不要想太多，以免讓自己寸步難行，明明只是要煎一顆太陽蛋做美妙的早餐，卻變成炒蛋，最後還留下一個慘不忍睹的鍋子要處理。做料理不是在為難自己，除非想練就什麼鍋都會煮的絕技（笑），所有工具的目的都是讓做菜更方便更好吃，而不是來阻礙你的做菜時間。

深型不沾鍋，料理新手的起手式

　　對於沒有太多信心的料理新手，我都會建議先靠著萬用不沾鍋開始進入料理的美妙世界。大家都知道，用不沾鍋煎魚的成功率很高，不會動不動把魚煎成支離破碎的，但其實挑不沾鍋也有小「眉角」，西式的淺煎鍋其實不那麼適合東方家庭的炒菜習慣。如果家裡「只能買一支炒鍋」，建議可挑鍋型深一點的平底不沾鍋，鍋面

不必大，但要夠深。除了煎、炒，當然也可以加湯水燉煮，不用中途換鍋，省時省力。但很多不沾鍋的鍋底偏薄，記得挑厚實一些的，儲熱效果優，做燉煮菜也可以輕易上手，在日本很多料理研究家都喜歡用這類型的鍋子。另外，深型鍋還有一個好處，做半煎炸料理和炸物，油不至於噴濺的到處都是。

很多人對不沾鍋的塗層有心理障礙，喜歡挑無塗層的純鐵鍋。純鐵鍋的導熱、聚熱性很好，特別適合愛吃牛排的人，用鐵鍋可以煎出很好吃的鐵板牛排，用大火爆炒的青菜也容易炒出很香的鑊氣，但使用純鐵鍋要注意，一旦對溫度掌控不好，容易燒焦巴鍋不說，更會產生大量油煙，對料理人來說反而更不健康。

另外，鐵鍋需要「吃油」保養，煮完後要馬上刷洗、用小火烘乾，趁餘熱抹上一層薄油保養；上油後如果長時間沒有使用，會產生油耗味，烹調之前記得要煮熱水把舊油分煮掉，重上新油保養再開始烹調。

鑄鐵鍋適合燉烤，琺瑯表層更好用

如果是要長時間熬煮的料理，用儲熱性佳、厚實的鑄鐵鍋來做更省瓦斯；而鑄鐵鍋還可以整鍋放入烤箱料理，

非常方便。雖然價格高，但如果使用得宜沒有年限，品質好的鑄鐵鍋甚至能當傳家寶，非常划算。

四口之家的小家庭，我建議購買 20 公分到 22 公分的圓鍋就很夠用，人口多的可以買 24 公分的圓鍋。除非是鑄鐵鍋控，各種鍋型都想收集，不然我最不建議購買有造型花樣的鑄鐵鍋，例如番茄鍋、南瓜鍋這類鍋款，一則容量不如圓鍋，二則清潔時要多用心，否則容易有清潔死角。

不過有一點要注意，開伙機會不多的人別挑沒有上琺瑯層的鑄鐵鍋，因為和純鐵鍋一樣，需要花時間養鍋，且不耐酸鹼，一煮完就得馬上把食材倒出來。

有琺瑯層的鑄鐵鍋不需特別保養，清潔後擦乾即可；同時琺瑯表面抗酸鹼，可以久放食物，整鍋食材就能連著鍋具放冰箱保存或醃入味，隔天再繼續烹調。

不鏽鋼鍋和壓力鍋當支援鍋具

對於進廚房時間有限的職業婦女，或想要縮短時間烹調的人，最方便的就是壓力鍋啦！有一些需要久煮到軟爛的食材，不管是紅豆湯、燉牛肉湯、滷肉，壓力鍋通通可以應付。

有點深度、厚底的不鏽鋼鍋也是必備好幫手，不怕生鏽又適用煎煮炒炸，只是煎、炒時需要熟悉一些技巧，否則底部容易沾黏。塔塔的料理，多用鑄鐵鍋做燉煮菜；以壓力鍋煮糙米，方便又香Q；當家人喊餓，急著搶時間做快手料理時，用不沾鍋；如遇到帶骨、帶殼的食材，怕刮傷鍋面，就改用不鏽鋼鍋。

當不鏽鋼鍋使用一陣子鍋底出現刷不掉的「彩虹紋」，可將鍋子清洗乾淨後，直接倒入醋，再用菜瓜布刷洗，馬上就亮晶晶了！

刀具不只是刀具！

想要切得很順，切得無比開心，沒有別的路，就是給自己一把好刀！

開始拍料理影片後，為了畫面更好看，我花了一些時間、用心思練習刀工，常常一天內切了好多好多菜，但同時也發現，挑把好刀子才是最根本的重點，本來刀功 60 分都可以變 80 分！一把稱手的好刀子，唰唰唰切下去，會讓你切菜切得很有成就感。特別是切洋蔥需要快狠準，鋒利的刀刃可以減少擠壓到洋蔥內刺激流淚的物質，刀子的鋒利和手感很重要！

在談刀子之前，我最推薦先去買塊木質砧板。木頭砧板的質地比較柔軟，與刀鋒接觸時觸感好、不易傷刀，切菜也安全較不滑手；除了更容易處理食材，也能保護刀具的壽命——更加分的是，習慣用木質砧板切菜，有助於練出好刀工唷！手上拿把俐落的好刀，加上一塊「切感」美妙的砧板，想不愛做菜也難，在廚房裡切、切、切，就超享受的！

20 公分的主廚刀用途最廣

一般家庭至少要備有哪幾支刀子？通常中式料理的廚師比較喜歡用中式片刀，不過一般家庭主婦哪來這麼大

的手腕力氣，拿一把又重又大的菜刀切菜，切沒兩下手就開始覺得很痠了，當然影響做菜的心情。所以我會選擇符合人體工學、握把比較輕一點的刀子，大約 20 公分的主廚刀，或者是三德刀都蠻適合家庭料理使用。

基於衛生考量，切菜跟切肉的刀要分開，切肉刀可以比切菜刀稍微大把一點，兩把刀加上削皮刀，大概可以應付大部分的家庭料理。萬一碰到需要剁的帶骨肉類，我都會請肉販先處理好，並不太建議新手買剁刀，除了使用機會相對少，剁的動作對新手來說力道也不好拿捏。

廚刀料理完記得清洗乾淨，用乾淨抹布擦乾後再晾乾，不要濕濕的就擺著。另外要了解刀的功能，買的是牛刀或三德刀，就不要拿去剁骨頭、切堅硬的東西，會傷害刀鋒。

市面上刀具價格差異很大，從幾百元到上萬都有，我建議買有品牌、鋼材較好的刀。當然囉，除了順手、外觀也會是我的考量之一，我個人覺得料理者最重要的道具就是刀，每天料理時，手上拿的是自己喜歡的刀，自然樂意下廚，選一把好刀，好好保養，可以用很多很多年。

學磨刀，舒壓又實用

什麼時候該磨刀呢？很簡單，如果覺得連切蔥都比較費力、不能迅速果斷的切斷，大概就是要磨刀了。如果自己沒有把握磨好刀，可以請外面專

非常鋒利的刀 可以輕鬆將食材切得很薄、很小。

塔塔現在最愛的是這塊檜木砧板，會散發自然香氣，一開始還捨不得使用！

業師傅磨，賣刀的廠商常有代客送磨刀的服務。如果你不想等待，就自己練習磨刀吧！常聽到很多人說磨刀應該很難或很麻煩，塔塔一開始也這樣想，但是實際動手後，發現沒有想像的困難，只要買一塊 800~1200 目的磨刀石，照著步驟就可以把刀磨到很滿意的鋒利度。

對磨刀有心理障礙的人，建議先選把便宜的刀試磨看看，很快就會上手，磨刀的過程很療癒呢，磨著、磨著會上癮，最後會非常享受這個動作（彷彿黃秋生上身，比學騎腳踏車還過癮哩）！XD

● 三昧紅蓮

● 實光刃物
（槌目削皮刀 135mm）

● 實光刃物 JIKKO
（槌目三德刀 180mm）

● 三昧

● 雅 / 三德刀

● 梵天雲龍

簡易磨刀法，新手變上手

塔塔最建議的磨刀方式是使用磨刀石，家裡準備一塊磨刀石，刀子不利隨時都可以磨。磨刀石跟砂紙一樣，有粗細的規格，「目數」越大代表可以磨越細。基本上居家磨刀，只要選 600 目至 1200 目就可以了，想要更鋒利一點，可以用到 3000 目。有些磨刀石會有粗細兩面，大原則就是先磨粗面再磨細面。

1 將磨刀石浸泡於水中大約 8~15 分鐘，直到氣泡消失。目的是讓磨刀石吸滿水分。在磨刀的時候記得準備一盆水在旁邊，隨時可浸濕。

2 取出磨刀石，水分不要擦乾，這樣磨刀會比較滑順。磨刀要把刀鋒的地方磨利，所以刀背要比刀刃略高一些，可以放 50 元銅板衡量，大約維持這樣的角度磨刀。

3 （以右撇子來說）磨刀時，可將左手大拇指卡在刀背上，代替銅板的高度撐住刀背，食指跟中指輕輕壓住靠近刀刃處（不要靠太近避免割傷）。右手握住刀柄稍微側轉，維持整把刀傾斜的角度，同時右手大拇指輕壓刀背靠近刀柄處，刀刃與磨刀石垂直 90 度，磨刀方向要一致，刀鋒每一處都要磨到。（刀與磨刀石維持 40 度角亦可）

4 重點在刀刃朝外時，往外是輕輕往前推，同時右手拇指跟中指也要加點力，往內拉回要減少力道，不能同樣用力的來回磨，必須是有一種「推出去、收回來的 FU」。有點像揉麵團（或像打太極拳），往前推，再輕一點的收回，但不可以用力來回磨。

5 磨刀尖時，利用磨刀石角落比較好操作，一樣約一枚 50 元硬幣的高度即可（太高的話，刀子會很鋒利但也容易斷裂）。刀刃的每一面都要均勻磨到，磨靠近刀根處時，刀子與磨刀石可以用 45 度角方向磨刀，順著刀的弧度磨。

6 刀子磨好後，可以拿一張紙測試到底自己有沒有磨好，或是切顆番茄來試試。非常鋒利的刀可以將番茄切得很薄。

POINT!

塔塔幫你劃重點

我的習慣是站三七步，推出去，身體也跟著同角度的往前傾，拉回來時，整個人也是同角度的後退（但是腳步不移動）。每個人都可以找最舒服的姿勢來磨刀，以不傷害到刀子跟手指為主。

若磨刀石比較乾，可以加水在磨刀石上，讓磨刀石潤滑。

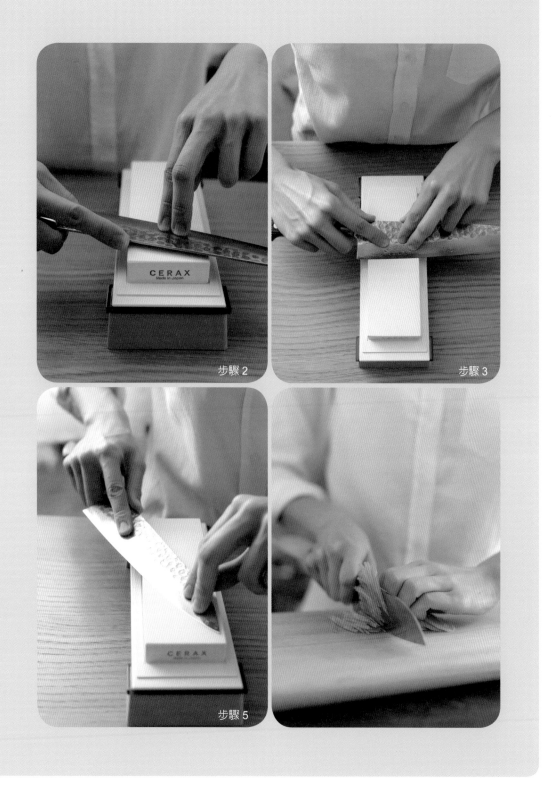

步驟 2

步驟 3

步驟 5

醍醐味：調味與調香

很多家庭主婦反應，自己每天煮的菜味道好像都差不多，炒香菇和炒青菜好像都一種滋味，是不是因為只會用鹽巴、醬油、醋、胡椒、香油等基本調味料，要怎麼讓自己的料理味道更豐富？

其實塔塔覺得料理的好味道絕不是來自各種調味料，人工調味料越少越好。以前我不太會料理的時候，一到醬料區就會狂買一堆醬料，結果用了兩回就被雪藏了，越塞越角落，一不小心就存放到過期，委實浪費。此外，醬料的含鈉量、人工添加物和熱量大多很高，對身體容易造成負擔，混合式醬料的成分並不天然，對料理來說反而是扣分。

干貝或小魚乾都是能提出天然鮮味（酯味）的食材，有些人會攪打成粉末儲存，但我喜歡在烹調時直接加入使用，讓味道自然融入料理中，也常會用這兩樣來熬高湯搭配使用。

善用 5 種基礎調味，就很好吃！

加調味料的目的是提升食物本身的美味，而不是去搶食材的味道，就像一部電影裡面，配角應該要讓整部影片更有張力，而不是去搶主角的風采。

對於不太常開伙的人，我建議家裡只要有：鹽巴、黑胡椒、白胡椒、醬油、白芝麻油、醋，這 5 種基本法寶就很夠了！成分單純、保存期限長，簡單清爽，對身體也好。

正因為需要的調味料不多，所以選擇好的調味料非常重要，例如鹽巴我習慣選擇海鹽；黑、白胡椒不妨試試看去中藥行或食材行買完整的胡椒顆粒，而非一般罐裝的胡椒粉。每次要使用時，只要用研磨罐或是研磨缽稍微磨細再加入，其實也不麻煩，現磨的香氣絕對會讓你一試愛上，以後就不會想再買罐裝胡椒粉了！

至於醬油、芝麻油、醋的選擇，就要看個人偏好，選擇自己喜歡的味道，多試幾種，比較後你就能挑出好味道。偶爾心血來潮想做些特殊口味的料理，需要用到某些調味品如豆瓣醬、豆豉等，挑越小罐越好，千萬別為了貪便宜買大容量的，一般家庭十之八九都用不完的。

選擇油品的小學問

橄欖油、玄米油和芝麻油：這是塔塔廚房中的三大愛用料理油。品質好的橄欖油會有淡淡的草香味，入喉後會感覺辣辣的，那就是好油！橄欖油又分為 3 種等級：初榨冷壓橄欖油（Extra Virgin Olive Oil）、純橄欖油（Pure Olive Oil）與橄欖粕油（Pomace Olive Oil）。通常我都會買初榨冷壓橄欖油，低酸值，當酸價越低，單元不飽和脂肪酸就會越高，油質也就越穩定，不易起油煙。

很多人都說橄欖油不能高溫料理、只適合淋拌沙拉，其實一半正確一半是迷思。冷著吃的橄欖油，可以攝取到橄欖多酚；一遇熱，油裡的橄欖多酚及維他命 E 的確會流失，但不只橄欖油，很多好油都是一樣的，例如芝麻油。

挑選橄欖油可先試聞味道，或是用湯匙直接喝一點橄欖油，在口中感受味道。我自己特別喜歡早摘的綠橄欖油，除了風味帶有青草香，果實中的橄欖多酚含量，會比成熟果實榨出來的多。如果購買時不能試嚐，就先購買小罐裝用用看。不敢單吃油，也可加一點巴薩米克醋混合放到嘴裡，感受一下橄欖油的風味。或者還可以這樣做：鍋內加入一些橄欖油，以小火加熱到微溫，橄欖香氣會散發出來，理應可以聞到很棒的橄欖香氣，如果沒有特別的香氣，或是味道你不喜歡，那下次就不用回購了。

玄米油也是塔塔很常用的料理油，較耐高溫、適合煎炸類，因為成分是糙米，不會有特殊風味，在煎炸時，不會因為油有特殊味道而影響料理呈現。

白芝麻油則是讓料理添香的好幫手，只是很多市售的香油會以不同油款調和而成，如果是 100% 的芝麻油（香油），會帶有淡雅的芝麻油香！很多超市或有機食材店都有賣冷壓的白麻油，塔塔很常用的白麻油是「太香胡麻油」。

（由左至右）橄欖油、白芝麻油、玄米油。

關於其他佐料的挑選

本味醂：味醂是非常好用的調味品，又分「本味醂」和「風味味醂」，通常本味醂不需要放到冰箱，只要陰涼處存放即可。本味醂是由糯米、釀造酒（通常是 12~14%）、米麴，經過糖化、熟成、發酵而成的調味品；而風味味醂的成分通常會加入糖或其他調味料，雖然對於烹調者比較方便，不過風味味醂開封後務必要放冰箱保存。另外因為甜度高，當你使用風味味醂，就別再放糖或者糖要減量。兩種味醂最大的不同在於酒精的濃度，本味醂含酒濃度較高。我自己喜歡買日本製的本味醂，對於味道掌握可以更精準，但一般超市比較容易買到的大多都是風味味醂。

再來是料理酒：日本清酒有分烹調用和飲用的清酒，通常烹調用的清酒都超級大瓶又很便宜，所以根本不需買很貴的日本清酒，風味上或許有一點點的差異，但毋須太介意，「玉泉清酒」是台灣菸酒公賣局製造的清酒價格實惠。

還有醬油和魚露：常聽到很多粉絲謝絕魚露，因為對濃濃的海味實在很難接受。「Megachef 萬能主廚」，是我唯一喜歡用的魚露，價格上跟東南亞商店的魚露價格差很大，但是風味絕佳，有些料理灑點魚露可以創造不同的風味！

至於醬油的選擇，塔塔個人偏好「豆油伯」，它是原豆發酵，不稀釋、有豆香，香醇回甘，算是少數塔塔比較喜歡的醬油；另外「豆油伯」的「甘田」薄鹽醬油也是我平常拌麵、沾醬常用的，可以代替有調味的日式醬油。

香料的魔法：家常菜變精品

很多人都對香料有所誤解，認為香料容易掩蓋食材的本味，但使用香料入菜餚，能讓你的料理風味更突出，而且這些神奇種籽除了增加香氣，還能增強免疫力。簡單來說，香料的作用是：

1. 除去肉的騷味。

2. 增添香氣、促進食慾、幫助消化、增加抵抗力。

3. 利用天然的色素，增添料理的顏色。

使用香料做菜有如變魔法般有趣，在印度每個家庭都會備著好幾種香料來烹調，自行調配咖哩的香料比例，他們做菜沒有一定的準則，可以隨心情喜好調味，每個家庭、每間餐廳都有自豪的料理，同樣一道菜，風情千百種，永遠吃不膩。這就好比我們台灣的滷肉飯，每個媽媽都會做滷肉，而每個家庭做出來的滷肉味道都不太一樣，做法也不太一樣。

胡椒： 可說是最常見的香料，家家戶戶一定有，其實胡椒的種類多達數十種，在一些香料行或進口超市比較容易買到紅胡椒、綠胡椒和多果香。

我喜歡去中藥行買黑胡椒和白胡椒粒，使用前才研磨，避免香氣散失。胡椒可以提出蔬菜的甜味，消除魚類肉類的腥臊味，尤其醃漬時，加入些許胡椒，絕對是必要的。

保存香料只需保持乾燥密封，放在陰涼的地方即可，不建議冷藏，因為拿進拿出更易受潮。

丁香： 蘿潔塔特調的沖繩風辣油，會用到丁香。其實這種香料早在西元前就被中國跟印度人拿來使用，甚至是古埃及人拿來製作木乃伊的防腐香料之一。當然，我們不需要防腐（但要防老），但如果在煮飯時加入 1~2 顆丁香、一點肉桂棒、幾顆綠豆蔻，白飯會有淡淡的香氣，不妨試試看。

一般中藥行都可以買到丁香，但有的丁香太瘦小，精油香氣不足，塔塔買過品質最好的丁香，是日本 S&B 的丁香，香氣濃郁、大顆飽滿。

小茴香和茴香籽： 孜然芹屬的小茴香（Cumin），帶有淡淡的乾燥芹菜葉味道，也是蘿潔塔經常使用的「香料王」，有異國風味，有些包裝會寫「新疆孜然」。孜然也是古埃及人用於防腐的香料之一，古希臘羅馬時代

塔塔愛用的中式香料

辣椒粉

肉桂皮

月桂葉

花椒　白胡椒

白豆蔻

黑胡椒

肉豆蔻

丁香

桂枝

肉桂棒　芫荽籽　八角

茴香籽

塔塔愛用的西式香料

百里香　芫荽籽　孜然籽　孜然籽粉

平葉巴西里

龍蒿

肉桂棒

義大利綜合香料　丁香　芥末籽

芫荽籽粉

番紅花　迷迭香　多果香

薄荷葉　綠豆蔻　八角　薑黃粉

甚至用於入藥，治療臉色蒼白。這種上帝賜給人類的珍貴寶物，也正是咖哩粉最重要的成分之一。

芫荽籽又稱香菜籽，帶有淡淡的柑橘香氣，除了用於料理，如果在感覺快要感冒的初期或經期來的時候，用芫荽籽加點生薑片一起煮，對提升免疫力和舒緩經痛都蠻不錯的。（作法：10 克芫荽籽先乾鍋炒香，再加入 3~4 片薑片，和 1 公升水煮 25 分鐘，趁熱過濾即可）。

另外有一種跟小茴香長得很像的香料叫茴香籽（Fennel），乍看相似但顏色偏綠，味道也不太一樣，常用於滷肉。台灣媽媽們滷肉常用的「五香」，成分大致包括白胡椒、肉桂、八角、丁香、茴香籽，如果再加上花椒、肉豆蔻、陳皮、草果、砂仁、桂枝、山奈等等通稱為 13 香。但我不習慣買市售調配好的滷包來滷肉，經過自己嘗試過很多次以後，從中提出了幾種自己喜歡的，就成了獨門配方，讓「蘿潔塔風格滷肉飯」好吃得不得了呢！

蘿潔塔綜合香料胡椒

黑胡椒、白胡椒、茴香都可以在中藥行買到，芫荽籽有些中藥行有賣，或者以可到香料專門店找找。網路上有很多賣香料的店家可直接訂購，這種特調香料可運用在任何料理，甚至湯品，例如雞胸肉蔬菜湯、或是番茄燉雞、甚至是沙拉都可以！

🏷 材料

白胡椒
黑胡椒
茴香籽（Fennel seed）
芫荽籽（又稱香菜籽 Coriander seed）
多果香（眾香子，Allspice 或稱 Jamaica pepper）

作法

上述所有香料的基本比例大約是 1:1，多香果例外，因為香氣很烈，建議比例用 0.5 即可。我自己喜歡黑胡椒和芫荽子多放一點。

4 種常備高湯
——讓中西料理都能更完滿

熬高湯其實不麻煩也不會耗費太多時間，不妨把食材切小一點，原本熬高湯可能需要一小時，但切小塊後可能只需 25~30 分，就能輕鬆萃取出好味道的高湯！

關於熬湯該選什麼材料？其實有很多變化，只需把握基礎原則，搭配鮮味食材，味道就能很鮮美。以前我常用雞架骨熬高湯，最大優點是省錢（但記得要挑清雞骨比較乾淨，不會有太多血塊），直到有一回去市場沒買到雞架骨，改用比較貴的雞翅，沒想到一試就回不去了！不僅不需先汆燙過血水，可以直接跟蔬菜一起煮，方便快速，而且雞翅熬出的高湯充滿膠質，冰到隔天，雞湯會變成像果凍般的膠狀，熬完的雞翅跟蔬菜還能拿來拌辣油吃，好吃又健康，一點都不浪費。

雞骨（雞翅）蔬菜高湯也可以改成排骨蔬菜高湯，一樣很棒。喜歡蔬食者則可以直接用水果混搭蔬菜熬湯，例如我用過鳳梨肉、蘋果、甘蔗等熬湯也都很鮮甜，白蘿蔔、番茄也都是很好運用的食材，甚至可以隨個人喜好加入月桂葉、迷迭香等香料，大家可以自己嘗試看看。

塔塔家常備的高湯有好幾種，但以下介紹的 4 種基礎口味可應用於絕大多數的中、西、日式料理。例如昆布柴魚高湯可以搭配超多日式料理，像本書介紹的日式蘿蔔燉肉、南瓜佃煮、湯烏龍咖哩、溏心蛋等。

塔塔幫你畫重點

POINT!

如果想看更多風味的高湯作法，也可參考影片連結。

香料蔬菜高湯　　　　關東煮湯頭

日式昆布柴魚高湯

詳細影片看這裡！

🐟 材料

水	1000~1200 ml
昆布	10 克
柴魚	20 克
清酒	1 大匙
味醂	1 大匙
醬油	少許

🥢 作法

1 昆布放冷水浸泡，可放冰箱一晚，隔天就可以接著步驟 2 開火煮。如果沒有提前泡，放入冷水，從冷鍋開始煮到攝氏 60 度左右熄火（鍋底會開始冒出小泡泡），再加蓋燜 1 小時。

2 開蓋（昆布已泡開了），開中大火煮到快沸騰時先取出昆布，鍋裡昆布水繼續煮沸，水滾後先關火。

3 輕輕放入柴魚片，不要擠壓，讓柴魚片自然下沉，加蓋燜 2 分鐘，將柴魚片濾出（濾網如不夠細，可墊紗布濾得更乾淨）。

4 過濾出的高湯會呈現金黃色澤，趁熱加入 1 大匙清酒、味醂及少許醬油提味（要不要加可視接下來的料理而定）。

5 高湯倒入容器裡降溫後冷藏保存，約可放 5~7 天。

中式雞翅高湯

🥢 材料

雞翅	4 隻（約 500 克）	薑片	4~5 片
洋蔥	2 小顆（約 300 克）	大蒜	2~3 瓣
青蔥	2 支	鹽巴、白胡椒	適量
乾香菇	15 克	清酒	50ml
		冷水	1500ml

🥄 作法

1 將雞翅洗淨，泡乾淨冷水 10~15 分鐘以釋出血水，雞肉會變得比較白淨，高湯也比較不會有腥臭味。

2 雞翅瀝乾後等晾乾或擦乾，撒上少許鹽巴、白胡椒抓醃，靜置約 15 分鐘，讓多餘水分釋出，雞肉味道會更好。

3 乾香菇用 150ml 的水泡開備用。大蒜拍裂、薑切片、洋蔥切粗絲。

4 大鍋中加入所有材料，從冷水開始煮，表面出現雜質時要撈出，沸騰後轉小火蓋上鍋蓋，慢慢燉煮 30 分鐘後熄火。

5 將所有食材濾出就是高湯，約為 1200ml 的分量。倒入耐熱容器，等降溫後移到冰箱冷藏，隨時可以取用。

6 冷藏一晚的高湯表面會凝結油脂，可用湯匙輕輕撈出，除油後的雞高湯，減脂更健康喔！

塔塔幫你
畫重點

POINT!

也可以改用雞腳，不過燉煮時間要長一點，要煮到雞腳軟爛，膠質溶出來。

雞翅蔬菜高湯（西式）

詳細影片看這裡！

材料

雞翅	3 隻
西洋芹	2 支（約 100 克）
紅蘿蔔	1 條（約 100 克）
洋蔥	1 顆（約 200 克）
大蒜	3~4 瓣
白酒（清酒）	50ml
新鮮迷迭香	1 株
黑、白胡椒	適量
鹽巴	1 小匙
月桂葉	2 片
水	1500ml

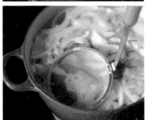

作法

1 將西洋芹刨去外皮、切成小丁，紅蘿蔔切成小丁、洋蔥切絲，大蒜拍裂。

2 所有的蔬菜跟洗乾淨的雞翅放入鍋中，加入黑白胡椒、月桂葉、迷迭香、水，開火煮滾，撇去浮末，加白酒和鹽巴調味，轉中小火，維持小滾狀態約 35~40 分鐘。

3 直到高湯帶有乳白色，撇去浮油，即可關火。

4 將高湯濾出即完成。

雞骨蔬菜湯

🥄 作法

1 先煮溫水沖洗一下雞骨。雞骨浸泡後會釋出血水，熬湯會比較乾淨。

2 鍋內放入雞骨、紅蘿蔔、洋蔥、西洋芹、蒜頭、青蔥、月桂葉、白胡椒粒、鹽巴、糖。

3 倒入水 1800ml 和清酒 50ml。

4 煮滾後，撈出表面浮沫。

5 維持小滾，再煮 25~30 分鐘。

6 煮好後必須馬上過濾出高湯，雞骨蔬菜湯就完成了。

🐟 材料

雞骨	2 付
洋蔥	1 顆（250 克）
紅蘿蔔	1 小條
西洋芹	2 支
大蒜	2~3 瓣
青蔥	支
月桂葉	2 片
白胡椒粒	適量
清酒	50ml
鹽巴、糖	少許
水	1800ml

詳細影片看這裡！

（請參考「韓式部隊鍋」的高湯作法）

肉品的清洗與保存

絞肉或肉絲到底要不要清洗？我想這個問題應該困擾過不少人。塔塔鼓勵大家購買有產銷履歷的肉品，從豬隻屠宰到門市銷售一貫化作業，全程低溫冷藏、衛生條件良好，其實就不需要洗了。但如果是在傳統市場買豬肉，長時間暴露在人來人往的環境，雖說在高溫烹調下細菌會被殺死，不用太擔心，但我相信有些人仍會有點在意、心裡難免會感覺怪怪的。

絞肉或細肉絲已經攪打過，一碰水，肉馬上就會吸水，濕答答的怎麼烹調？雖說用熱水汆燙絞肉也可去除細菌、雜質，可偏偏絞肉很細小，肉的鮮味、風味都很容易流失，如果後續要熱炒還勉強堪用，但如要做成水餃餡、漢堡肉排就不適合了，絞肉碰到熱水緊縮，會失去肉本身的黏性，鬆散到不行，根本做不了需要成團的肉餡。

半凍狀態，自己打絞肉

如果你有這樣的顧慮，建議還是自己打絞肉吧！要怎麼做呢？很簡單，從市場豬肉攤買回的溫體豬肉，回家後，以熱水快速沖洗表面，然後再快速用廚房紙巾擦乾，這樣肉就不會吸收太多水分導致走味。然後盡快放到冷凍庫冷凍數小時，大約到半凍狀態，就可取出切成小塊，再用食物處理機攪打成所需要的粗細，就有安心絞肉可以用啦！

牛肉的處理跟豬肉一樣，盡量不要水洗，洗了之後肉的鮮味都會流失。我想應該不會有人在煎牛排之前清洗牛肉或汆燙過；但內臟、帶骨部位、牛腱例外，仍須稍微清洗。

雞肉：用盆冷水快速撈洗

那雞肉要怎麼洗？可先盛裝一盆水，把雞肉放入水裡沖洗一下，迅速撈出瀝乾或以廚房紙巾擦乾。盡量不要在水龍頭底下沖洗，水滴飛濺四散，比較容易污染到流理台其他物品。

肉類如何退冰？

如果是真空包裝的肉品，建議烹調前取出放在冷水裡沖洗浸泡 10~15 分鐘，切記時間不宜過長，避免溫度變化後，生肉的細菌激增。如果家中冰箱有專用冷藏室可低溫解凍，可前一天晚上放入解凍室，那是再方便、安全不過了，這樣最能確保肉品的解凍狀態內外一致，維持肉品的品質。

讓餐桌升級的
100種食譜

Favourite meals from worldly cuisines- find
the version of a recipe to suit you.

01

雞肉料理的幸福味道

雞肉是可以做出非常多變化的食材，雞胸清爽、雞腿豐腴，全雞熬湯濃郁，除了白斬雞、炒肉片或熬雞湯，還可以怎麼發揮創意呢？來看看塔塔的雞料理，是大人、小孩都會愛上的口味喔！

鹽水雞 + 怪味雞

材料

仿土雞腿排	2 隻
青蔥	2 支
薑片	10 克
花椒	10 克
甘草	2 克
鹽巴	20 克
（鹽水雞再 +15 克）	
紹興酒	100~120ml

怪味雞醬汁

香菜	30 克
辣椒	1~2 條
蒜末	15 克
薑泥	適量
醬油	2 大匙
冷開水	2~3 大匙
糖	1 小匙
烏醋	1 大匙
檸檬汁	2 大匙
自製辣油	1~2 大匙
（請見第 214 頁，或市售紅油）	
白芝麻油	1~2 大匙
烘焙過的白芝麻	適量
花生碎	隨喜好

詳細影片看這裡！

POINT!

塔塔幫你
畫重點

Ⅰ 學會這道料理等於學會兩種館子級的雞肉作法，做成鹽水雞，不淋醬汁單吃也超級美味！

Ⅱ 如果想吃怪味雞（口水雞），煮雞肉的鹽巴就少放一些。沾醬還可以加點碎花生、芝麻醬，味道更濃郁。

Ⅲ 這一道料理還可以進階變化成聽起來很厲害的「煙燻雞」喔！一點都不難，只要多做煙燻的步驟，就能創造完全不同的風味，請參考塔塔的影片。

🥄 作法

1 土雞腿清洗後用廚房紙巾擦乾水分。找到骨頭縫用刀尖劃開，可較快煮熟，也較容易釋放血渣。可去除多餘油脂。

2 蔥綠切段，蔥白保留。將薑片、蔥綠、花椒、甘草、鹽巴混合搓勻，再抹上雞腿仔細搓揉。

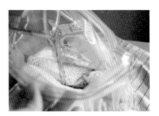

3 把辛香料夾放在 2 隻雞腿中間，放入密封袋，倒入紹興酒，份量要足夠包覆全部雞腿。擠壓出空氣後密封，更能徹底入味。

4 醃 4 個小時以上，若沒用真空袋，需放冰箱一個晚上。

5 取出雞腿抹去辛香料，起一鍋熱水（足夠蓋過雞腿），先倒入辛香料與醃雞腿的湯汁（若要做鹽水雞，此時再多放 15 克鹽）。

6 放入蔥白煮滾，放入雞腿，煮沸 5 分鐘後關火，燜 40 分鐘。取出雞腿放涼，蓋上保鮮膜放入冰箱冰鎮。

7 如果買的是沒有去骨的雞腿，可以刀尖繞骨頭將肉切成等量大小，將肉片順勢推開就能自然去骨。

8 盤底層鋪上生菜或小黃瓜片，放上切塊的雞肉裝盤，鹽水雞就完成了。

9 調怪味雞醬汁：香菜切末，辣椒切丁，蒜頭切末，薑片切末，所有材料拌勻後淋上雞肉，怪味雞就完成了。

無水番茄咖哩雞

詳細影片
看這裡！

🥄 材料

去骨仿土雞腿	1 隻
牛番茄	300 克
洋蔥	1 顆
大蒜	20~30 克

（喜歡吃蒜就多放一點）

橄欖油	適量

（或任何油都可以）

雞骨蔬菜高湯	100ml

（作法見第 28 頁，也可省略）

🥄 調味料

醬油	1 小匙（5ml）
鹽巴	適量
蘿潔塔綜合胡椒	適量

（作法見第 23 頁，或改用黑胡椒）

咖哩粉	10 克
西班牙煙燻紅椒粉	3 克
太白粉	1 大匙
水	1 大匙

塔塔幫你
畫重點

POINT!

Ⅰ 要不要勾芡都可以的，勾芡可以用 1 匙太白粉＋ 1 匙水來調太白粉水。

Ⅱ 如果不想勾芡，就省略不必放 100ml 的雞骨蔬菜高湯，以免湯汁太多。

作法

1 雞腿肉切塊，用鹽、胡椒抓醃入味，靜置 15 分鐘。

2 洋蔥切絲，牛番茄切塊，蒜頭切末備用。

3 熱鍋加少許油潤鍋，將雞腿肉的雞皮朝下放入鍋中煎，等煎出焦香味後再翻面。

4 放洋蔥絲炒到半透明，加入蒜末、牛番茄翻炒。

5 放咖哩粉、西班牙煙燻紅椒粉、綜合胡椒、少許鹽、醬油攪拌均勻，加入雞骨高湯（可不放）。

6 加蓋以小火燜煮 25 分鐘後熄火，放冰箱燜到隔天會更入味，或至少燜 20 分鐘。

7 煮滾後，加入太白粉水勾芡，關火。（不勾芡的話，煮到收汁即可關火）

檸檬蒜香烤雞腿

詳細影片看這裡！

🍳 材料

材料	份量
仿土雞腿	2 隻
粗磨黑胡椒	約 3 克
鹽巴	10~12 克（約雞腿重量的 0.9%~1%）
洋蔥	1 大顆
黃檸檬	2 顆（1 顆榨汁，1 顆輪切）
小番茄	150 克
九層塔或羅勒葉	適量
橄欖油	適量
大蒜	1 整顆（喜歡蒜味濃的人可以再增加）
辣椒粉	適量

塔塔幫你
畫重點

POINT!

‖ 烤雞腿建議使用帶骨雞腿比較香。檸檬買黃色的，用綠檸檬容易帶出苦味。

‖ 烘烤時間會受雞腿大小影響，中途可用牙籤戳一下雞腿最厚的地方，感受一下牙籤溫度，如果有溫溫的才表示快熟了，此時可調高烤箱溫度，讓表皮上色。

作法

1 仿土雞腿洗淨擦乾，在腿骨兩側的肉厚處劃上幾刀較容易熟，撒上粗磨的黑胡椒和鹽，按摩使其入味，劃開的部位也要揉搓進去。

2 處理完的雞腿肉放置在鑄鐵烤盤上靜置 2 小時，或至少 15 分鐘，蓋上保鮮膜以防乾燥。

3 切洋蔥絲，黃檸檬 1 顆擠汁 1 顆輪切，小番茄表面劃一刀。

4 靜置過的雞腿底部會滲出水，先擦拭掉。

5 在雞腿上鋪上洋蔥絲、九層塔葉。淋上檸檬汁、橄欖油，可將橄欖油均勻抹在雞皮上，增加脆度。

6 鍋底也塞一些洋蔥、九層塔，蒜頭去蒂頭拍碎去皮，小番茄、檸檬片放入鍋中。

7 將雞腿蓋上烘焙紙，烤箱預熱至 160 度後放入，總烘烤時間 40~50 分鐘（視雞腿大小而定）。

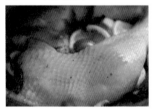

8 烤至一半（約 20~25 分鐘），取出雞腿，用油刷沾取底部湯汁塗抹在雞皮上，並將溫度調高至 220 度繼續回烤。

9 約 10 分鐘後可再取出，再次刷湯汁與塗抹油脂。

10 從烤箱取出，撒上九層塔葉裝飾，喜歡吃辣可撒乾辣椒粉。烤雞腿的湯汁淋在飯上或沾麵包吃都很棒。

三杯雞

詳細看這裡！
看這片

🐟 材料

帶骨仿土雞腿	2 隻
黑麻油	30ml
醬油	30ml
米酒	100~150ml
辣椒	1 條
蒜頭	3~4 瓣
黑糖	10 克
老薑（切片）	約 30 克
九層塔葉	20 克

塔塔幫你
畫重點

POINT!

三杯雞指的就是麻油、醬油、米酒各1杯，但是這道三杯雞不加水，塔塔刻意增加米酒的份量，以酒代水。

🥣 作法

1 辣椒斜切，沖水去除辣椒籽，蒜頭去皮，老薑切片，九層塔洗淨後摘葉去梗。

2 將雞腿放入鍋中加入適量水，放2片薑片、1大匙米酒去腥，冷鍋開始煮，煮到快滾的時候，將雞腿取出沖涼後瀝乾。

3 冷鍋放入薑片，倒一點平時炒菜的油，再倒入黑麻油，開中小火煸薑片，煸至薑片邊緣捲曲。

4 放入雞腿肉拌炒，再放入蒜頭、辣椒、黑糖，炒到顏色成琥珀色。

5 倒入醬油持續拌炒，再倒入米酒煮滾。

6 將材料換到小砂鍋或其他小鍋中（可省略），加蓋以小火燜15~20分鐘，開蓋，火轉大收汁。

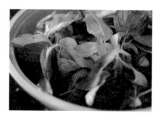

7 放入一大把九層塔葉，再加蓋燜30秒。

8 開蓋，淋上一點米酒與黑麻油略翻炒，擺上九層塔葉裝飾，即可起鍋。

打拋雞

詳細影片
看這裡！

🥢 材料

雞胸絞肉	250~275 克
雞蛋	1 顆
大蒜	6~7 瓣
辣椒	2~3 條
九層塔葉	適量
檸檬汁	少許

🥢 醬汁

醬油	1/2 大匙
醬油膏（或蠔油）	1/2 大匙
糖	1 大匙
魚露	1 大匙
冷開水	3 大匙

POINT!

塔塔幫你
畫重點

I 「打拋（Kra Prao）」是一種聖羅勒（Holy Basil），台灣人取泰文諧音變成『打拋』，但傳統市場不好買到，因此改用九層塔葉。

II 魚露最好不要省略，如要以醬油露替代，可在煸蒜頭時加點乾蝦米，也會有類似魚露的鮮味。

III 要煎出脆皮荷包蛋的重點是熱鍋入油，並不斷用湯匙撈起旁邊的油淋在蛋黃上（但請小心熱油噴濺）。

🥣 作法

1 將辣椒切小段，和蒜頭放入調理機打碎或切碎備用。

2 將醬油、醬油膏（或蠔油）、糖、魚露、開水拌勻後備用。

3 熱鍋放 2 大匙油，放入辣椒蒜末，以小火炒至蒜香飄出。

4 放入雞絞肉，翻炒至半熟。

5 放入步驟 2 調好的醬料，繼續以小火燜煮拌炒。

6 收一下汁，放入九層塔略翻炒即可盛盤。

7 熱鍋放油，煎一顆太陽蛋當配菜，上桌後擠一點檸檬汁，更清爽。

迷迭香檸檬烤全雞

📎 材料

全雞	1 隻
洋蔥	1 顆
馬鈴薯	1 顆
小番茄	10 顆
蜂蜜	適量
（刷雞皮用，不要用蜂蜜水）	
百里香碎	適量

📎 烤前調味

鹽巴	約雞重量的 2%
糖	約雞重量的 1%
黑、白胡椒	共約雞重量的 0.5%
迷迭香葉	30~40 克
蒜末	30~50 克（視個人喜好增減）
黃檸檬	2 顆
無鹽奶油	50 克

詳細影片看這裡！

🥄 作法

1 全雞內外徹底洗淨，泡冷水 15 分鐘去雜質，要勤換水，沖淨瀝乾。燒一鍋滾水，用淋的澆燙全雞表皮（操作請小心）。

2 將全雞抹上鹽、糖、黑白胡椒，每一處都搓勻、按摩。雞肚內也要塞調味料並搓揉均勻。在雞肚開口處找縫，把調味料搓進雞皮和雞肉之間。抹好後靜置 15 分，雞肉會持續滲水。

3 拔下迷迭香葉子並剁碎，塗抹在雞肚裡與雞皮下。把 1 顆黃檸檬的表面戳洞，另 1 顆檸檬刨下外皮屑留著，切半顆擠汁備用。

4 雞表面擦乾，蒜末放入雞肚，戳過洞的檸檬也塞進去，再放入切塊無鹽奶油。

5 雞皮的表層、下方都要抹檸檬皮屑、奶油和迷迭香碎，雞翅也別忘記塗抹。

6 把檸檬汁倒入肚中，用 1~2 支牙籤將洞口縫起來。

7 準備棉繩幫雞塑型，先繞在雞下方，再跨過雞腿繞上來綁緊，反覆交叉繞圈打結，詳細手法可參考影片，最後別忘了雞翅也收到繩子下，把雞綁得圓圓的即可。

8 烤箱預熱 180 度，將洋蔥切絲，馬鈴薯切塊，小番茄對切，鋪放在烤盤底部，可讓烤雞下方保持熱氣對流。

9 把雞平放在蔬菜上方，用鋁箔紙包覆表面避免過早烤焦（如果不喜歡鋁箔紙亦可省略）。

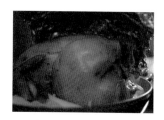  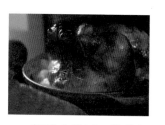

10 根據全雞重量設定時間，烤到第 30 分鐘時先取出烤雞，拿掉鋁箔紙後放回烤箱繼續烤。

11 再烤 20 分鐘後取出，刷上蜂蜜和盤底雞油，溫度調高到 220 度放回烤箱。續烤 10 分後再次刷蜂蜜，通常刷兩次就可上色了（用牙籤插一下最厚的地方，若是摸起來溫溫的，表示內部已熟）。

12 烤雞出爐了！趁著熱度，再刷上一層雞油讓色澤更佳。撒上百里香碎，將雞肚的檸檬取出，擠汁淋在雞肉上，更清爽好吃。

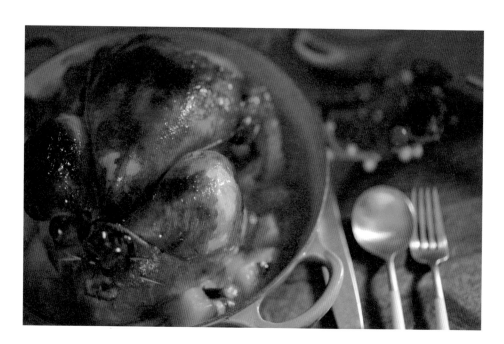

POINT!

塔塔幫你畫重點

I 通常烤 1 公斤要 33 分鐘，我這隻雞約 2400 克，總共烤 1 小時 20 分。

II 如帶有雞頭，步驟 1 燙雞皮時會比較好操作。讓雞皮有點熟化，烘烤時不會吸收肉的水分，雞肉不會太柴。燙過滾水後再去掉雞頭、雞腳。

III 幫雞按摩時加糖一起抹，可讓雞肉更嫩口，不要省略。幫全雞抹調味料時，記得不要放過皮肉之間，不但能幫助入味，也能阻隔烘烤時雞皮吸收掉肉的水分。

干貝刈菜雞湯

詳細影片看這裡！

材料

仿土雞腿	1 隻
干貝（乾貨）	25~30 克
米酒	適量
刈菜心	1 顆
蛤蜊	1 斤（先吐好沙）
滾水	1500ml
薑片	數片

| 步驟 4 沖入滾水，不要用冷水，避免溫度下降會影響雞肉味道。

POINT!

塔塔幫你
畫重點

|| 燙刈菜時不要等到大滾，鍋邊微滾就撈起來，立刻泡冰水可以保持翠綠。

||| 加一點薑片可以平衡刈菜的寒性。

🥣 作法

1 雞腿肉用鹽、白胡椒抓醃，靜置 15 分鐘。

2 干貝用米酒泡 20 分鐘。

3 熱鍋後入油，放入雞腿肉，不要翻動煎出焦香。

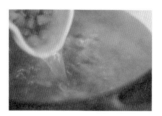

4 沖入滾水煮滾，撈出表面雜質。

5 倒入泡開的干貝與酒，加薑片，轉小火，蓋上蓋子燉煮 25 分鐘，關火後再燜 15 分鐘。

6 刈菜心洗乾淨，逆紋切成三角形狀。起一鍋熱水，加入少許鹽巴汆燙刈菜心，微滾時即可撈起，泡冰水冰鎮。

7 將燜好的雞湯重新開火加熱，蛤蜊放入湯中煮至開口。放入汆燙好的刈菜心，煮 1 分鐘左右關火，即完成。

醋漬雙菇南蠻炸雞

詳細影片看這裡！

🐟 材料

雪白菇	1 包
鴻喜菇	1 包
雞胸肉	300 克
洋蔥	1 顆（約 200 克）
紅蘿蔔	1/2 支（約 100 克）
蒜泥	適量
鹽巴	適量
胡椒	適量
青蔥	1 支
日本片栗粉 （太白粉）	50 克

🐟 醋漬醬汁

水	150ml
純米醋	90ml
醬油	2 大匙
清酒	2 大匙
味醂	2 大匙
糖	1 大匙（約 10 克）
辣椒	1/2 條
（不吃辣可以省略）	

🥣 作法

1 將醬汁材料煮到沸騰，轉小火煮 2 分鐘後關火，倒入容器中備用。

2 將雞胸肉去筋膜、脂肪後切成等大，撒上鹽、胡椒、蒜泥抓醃靜置。

3 將洋蔥切絲、紅蘿蔔切絲，菇切除蒂頭，剝成小朵狀。

4 將菇均勻地鋪在平底鍋上，不放油，開中火乾煸至菇吱吱作響，用筷子翻炒撒上鹽、胡椒。

5 煎好的菇直接倒入醬汁中浸泡。

6 鍋子擦拭乾淨後倒入適量油，放入洋蔥與紅蘿蔔炒至半熟起鍋，直接倒入醬汁浸泡。

7 平盤撒上片栗粉，雞胸肉沾粉後拍掉多餘的粉，等待反潮。

8 鍋中倒入足量油，加熱約 2 分鐘到 180 度，用半煎炸的方式將雞胸肉煎熟，每一面約煎 1.5~2 分鐘。

9 取出炸熟的雞胸肉瀝乾多餘的油，將炸雞放入醬汁中浸泡。

10 切蔥花放在食材上，蓋上保鮮膜移到冰箱冷藏 2 小時後，即可裝盤。

櫻花蝦海苔炸雞

詳細影片
看這裡！

🍴 材料

雞翅	6 隻（約 600 克）	清酒	2 大匙
高麗菜絲	約 1/4 顆	醬油	1 大匙
鹽巴	4.8 克	白芝麻油	1 大匙
（約雞肉重量的 0.8%）		櫻花蝦粉	10 克
糖	10 克	青海苔粉	7 克
白胡椒	3 克	日本片栗粉	50 克
蒜泥	7 克	玉米粉	15 克
薑泥	7 克		

塔塔幫你
畫重點

Ⅰ 除了雞翅，也可用其他部位來做，例如雞胸或雞腿。購買雞翅時可請肉販幫忙剁成三段，沒什麼肉的第三節可另外拿去熬高湯。

Ⅱ 櫻花蝦粉除了做炸雞，也可拿來熬湯做湯頭，如果買不到，可將乾燥的櫻花蝦剁碎。日式青海苔粉沒有調味，非一般零嘴海苔。這道炸雞就算沒有使用這兩種粉，只撒粗磨黑胡椒或其他香料粉也很好吃！

Ⅲ 我喜歡用日本片栗粉來做炸物，用太白粉取代也可以。加入玉米粉可讓口感更脆。

🥄 作法

1 雞翅洗淨後晾乾，只留翅小腿和中段做炸雞。

2 先處理雞翅中段，刀尖垂直，把兩根骨頭之間的肉劃開一大道，幫助入味也比較好熟。

3 雞翅加入鹽、白胡椒、糖先搓勻，再將蒜泥、薑泥、清酒、醬油、芝麻油加入仔細搓勻，密封冷藏，至少醃4小時（或放24小時更入味）。

4 將櫻花蝦粉、海苔粉放入平底鍋，不放油以小火烘烤，乾炒出香氣即可關火。

5 片栗粉與玉米粉混合，和醃好的雞翅一起裝入塑膠袋，轉緊袋口，充分搖晃讓粉末沾附均勻，就可取出雞翅等待反潮。

6 起油鍋（油量要足），開中火燒熱至約180度，放入雞翅先單面炸4分鐘，翻面再炸2分鐘。

7 取出炸好的雞翅放在網架上瀝乾多餘的油。

8 趁熱將雞翅放入櫻花蝦粉裹上一層。高麗菜切絲，放入冰水冰鎮一下撈起瀝乾後擺盤，鋪上炸好雞翅，完成。

蔥燒雞

詳細影片
看這裡！

🐟 材料

去骨仿土雞腿 （約 580 克）	1 隻	滾水	700~800ml
鹽巴	2 克	醬油	10~15ml
白胡椒	1 克		
薑片 (不要太厚)	8~9 片	**🐟 太白粉水**	
青蔥	3~4 支	太白粉 （玉米澱粉也可）	10 克
辣椒	1/2 ~ 1 條	水	10cc

POINT!

塔塔幫你
畫重點

仿土雞腿比肉雞腿大很多,買一般
肉雞大約要 2~3 隻雞腿。

作法

1 把雞腿肉切小塊、不規則
狀更好入味。用鹽、胡椒抓
醃靜置 30 分鐘。

2 切薑片,蔥白切段,蔥綠
切花。

3 薑片放入鍋中,放油開中
小火從冷鍋開始煸,至薑片
開始捲曲,即可加入雞腿肉。

4 先將雞腿肉一面煎出焦
香,可加點黑胡椒,再翻炒
到每面都帶有焦香,放入蔥
段、辣椒續炒,直到飄出蔥
香。

5 準備 700~800ml 的滾水緩
緩沖入鍋中,持續滾煮 2~3
分鐘,讓雞肉味道與湯融合,
轉中小火燉煮 15~20 分。

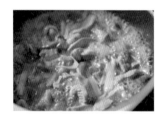

6 倒入醬油調整味道,續煮
到湯水漸漸變濃即可準備勾
芡。

7 太白粉加水調勻,迅速倒
入鍋中,用鏟子推一下拌勻。

8 關火,撒上蔥花點綴,淋
上白飯,即成超下飯的燴飯。

照燒雞

詳細影片
看這裡！

詳細影片看這裡！

材料

去骨仿土雞腿	1 隻
鹽巴	適量
白胡椒	適量
高麗菜絲（或洋蔥絲）	1 顆（約150克）

照燒雞醬汁（比例：1:1:2）

味醂	1 大匙
醬油	1 大匙
清酒	2 大匙
三溫糖	約 10 克

POINT!

塔塔幫你
畫重點

I 雞皮一煎熱就會逼出油脂，只要鍋子熱度夠，步驟3不一定要放油。

II 步驟4一定要將多餘的油擦去，油太多會影響照燒雞的味道。

III 糖的份量可依個人口味調整，如果使用有甜度的味醂就不用加糖。

🥄 作法

1 雞肉用清水浸泡5分鐘，讓血水釋出，清洗乾淨後擦乾，撒上鹽、白胡椒抓醃，讓雞肉的甜味釋出。

2 將醬油、清酒、味醂、糖混合均勻成醬汁備用。

3 熱鍋倒入少許油，將雞皮朝下，煎出焦香再翻炒，撒少許黑胡椒調味。

4 將鍋中多餘的油用廚房紙巾吸掉，留下少量的油脂即可。

5 倒入所有醬汁，先以中大火讓酒精揮發，再轉中小火慢煮到入味。

6 煮到醬汁閃閃發亮的焦糖化狀態，即可起鍋。盛盤後撒上蔥花跟白芝麻，可配高麗菜絲或洋蔥絲都很搭。

榨菜雞湯

詳細影片
看這裡！

🍴 材料

雞翅 (也可換成排骨)	600 克	細冬粉	1 把
鹽	5 克	(可以改成麵)	
白胡椒	1 克	清酒	少許
青蔥	2~3 支	糖	1 小匙
昆布	1 片		
市售榨菜	約 50 克		
高麗菜	適量		

塔塔幫你
畫重點

POINT!

雞翅可替換成雞腿。

作法

1 雞翅清洗瀝乾，撒上鹽、白胡椒抓醃，靜置 15 分鐘。

2 榨菜表面清洗乾淨，切絲後清洗 2~3 遍。蔥白切段，蔥綠切花。昆布剪三段先取兩段用。高麗菜葉手撕小片。冷水浸泡細粉，煮一鍋滾水備用。

3 熱鍋 1 分半後倒入少許油，放入雞翅煎出表面焦香，可以鍋鏟稍微按壓幫助上色。

4 雞翅煎香後，火轉稍小，放入蔥白煸出香氣。

5 另燒滾水，緩緩沖入鍋中滾煮，再放入昆布、榨菜和高麗菜梗，可加少許清酒增香，少許白胡椒粉、1 小匙糖增加湯底甘甜風味。全部煮滾後再煮約 25 分鐘，可適時補充水量。

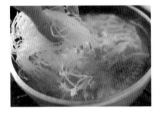

6 泡開的細粉剪成兩段較適口，待湯色變濃、快看不見底時即放入細粉。

7 放入高麗菜葉，等細粉熟了即可起鍋，最後撒上蔥花即成。

雞肉五目炊飯

詳細影片看這裡！

材料

去骨雞腿肉	1 隻（約 500 克）	蔥花	適量
鹽巴	適量	醬油	2 大匙（約 30ml）
白胡椒	適量	味醂	1 大匙（約 15ml）
紅蘿蔔絲	60 克	清酒	1 大匙（約 15ml）
黑木耳	60 克	白米	約 300 克
香菇	3~4 朵	昆布柴魚高湯	280ml
牛蒡絲	1/3 條牛蒡（約 150 克）	（作法請看 25 頁，或用水取代）	
		白芝麻油	少許（視個人喜好）

POINT!

塔塔幫你畫重點

炊飯用的米要洗到洗米水清澈為止,並浸泡 25~30 分鐘讓米粒吸滿水分,煮出來的會粒粒分明,吃起來的口感不會黏呼呼的。

🍲 作法

1 去骨雞腿清洗乾淨、擦乾、切小塊,接著加入鹽巴、白胡椒抓醃後靜置。

2 紅蘿蔔、黑木耳切絲備用。

3 用刀背將牛蒡表面的皮和根鬚刮除,切成絲放到冷水中浸泡,換過一盆水牛蒡絲就會變白了。

4 香菇去蒂頭切絲,昆布泡軟後切絲備用。

5 熱鍋 2 分鐘後再入油,放入雞腿肉後先不要翻動,煎出表面焦香,加入胡椒略翻炒即取出備用。

6 利用鍋中留下的雞油續炒蔬菜。先放入香菇,加入一點鹽巴、胡椒調味翻炒,直到水分減少。

7 蘿蔔絲、木耳入鍋,此時可補點白芝麻油,炒到紅蘿蔔軟化和油脂融合為止。

8 下牛蒡絲繼續拌炒,放入昆布絲,加入醬油、味醂、清酒調味。

9 放入雞腿肉與蔬菜拌炒均勻,要炒到鍋底沒有太多水分,做成炊飯才不會太濕潤。

10 關火,倒入洗好的米,加入柴魚高湯充分拌勻,讓米粒都浸泡到水分。

11 開中小火,煮滾之後就可以蓋上鍋蓋,小火燜煮 20 分鐘,關火繼續燜 15 分鐘。

12 開蓋後翻鬆煮好的飯讓味道均勻,撒上蔥花、淋上白芝麻油再次攪拌,香氣倍增!

紹興蒸雞腿飯

詳細影片看這裡！

材料

去骨仿土雞腿	1 隻
白米	300 克
鹽	約雞腿重量的 1%~1.2%
白胡椒	約 1 克
青蔥	2~3 支（切段取蔥白）
薑片	3~4 片
紹興酒	50 ml
水	300ml
味醂	1 大匙
醬油	1 大匙

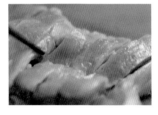

🥣 作法

1 去骨雞腿清洗後擦乾，抹上鹽巴、白胡椒，鹽的份量大約是雞腿重量的 1~1.2%，用手幫雞肉稍做按摩讓味道滲入，靜置 15 分鐘備用，此時可將米洗淨並浸泡 30 分鐘。

2 蔥白與薑片放入鍋底，倒入紹興酒、水。

3 放上蒸架，把靜置後的雞腿放上來，蓋上鍋蓋後開火，從冷鍋開始蒸，自開火開始計時 20 分鐘。

4 開火後約 5 分鐘後會沸騰，此時轉成中小火慢蒸，時間到後關火繼續燜 8 分鐘左右。

5 取出雞腿肉放涼讓雞皮稍微風乾，等涼了後再蓋上保鮮膜。如果喜歡冷著吃，也可以先放冰箱冷藏。

6 蒸雞肉的高湯挑除蔥與薑片後，約剩下 300ml，加入味醂、醬油，先嚐味道再稍作調整。剛煮好的湯汁還有微溫，如果等不及可以用冰水隔水降溫，約 5 分鐘降至常溫即可。

7 將洗淨濾乾的米粒放到鍋中，倒入雞高湯。注意高湯與米的比例為 1:1，喜歡濕潤口感，可以再多一點水分。蓋上蓋子開中火，約 5 分鐘會開始沸騰，沸騰後轉小火計時 9 分鐘，記得用很小的火來烹煮就可以，時間到熄火再燜 15 分鐘。

8 將雞腿切成等量大小，飯燜好後先鬆飯，將飯盛於碗內再倒扣在盤上，放上青江菜。

9 把雞肉盛盤後撒上一點油蔥酥，蔥絲部分也不要浪費，切蔥花撒上，完成。

湯烏龍咖哩

詳細影片
看這裡！

材料	
去骨雞腿肉	250 克
紅蘿蔔	半條 約 70 克
牛蒡	半條 約 150 克
豆薯	100 克
（可以隨喜好添加）	
咖哩粉	5 克
西班牙煙燻紅椒粉	3 克（不辣）
鹽巴	適量
黑胡椒	適量

高湯材料	
水	1000ml
昆布	10 克
柴魚	15 克
味醂	1 大匙
醬油	1 大匙

POINT!

塔塔幫你
畫重點

∣ 昆布 1 片約 10 克，放入 1000ml 的水，如果可以預放冰箱冰一
個晚上，隔天做高湯比較快。

∣ 牛蒡可以用刀尖去削比較薄，削完記得泡水才不會變黑！

雞肉料理 的 幸福味道

🥣 作法

1 將去骨雞腿切塊，用鹽
巴、胡椒抓醃一下入味，靜
置 15~20 分鐘。

2 紅蘿蔔切小塊、牛蒡削薄
片，並且泡水防止氧化。

3 把豆薯切成條狀或是丁
狀。

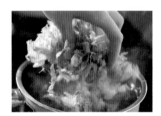

4 製作柴魚高湯。昆布和水
一起煮，煮沸前先取出，昆
布水繼續煮沸後關火，加入
柴魚 15 克，蓋上蓋子燜 2 分
鐘，過濾掉柴魚片。

5 濾淨的高湯加入味醂和醬
油各 1 大匙備用。

6 熱鍋後放一點油，放入雞
腿肉煎出香氣，加入紅蘿蔔
跟牛蒡一起拌炒，接著撒入
咖哩粉與紅椒粉。

7 炒出香氣後，沖入熱的柴
魚高湯，小火燉煮 15 分鐘，
靜置至少 1 小時（沒時間的
話也可省略）。

8 重新加熱，加入豆薯跟熟
烏龍麵，最後切一點蔥花裝
飾，完成。

065

泡菜冷麵

詳細影片
看這裡！

📣 材料

昆布柴魚高湯	500~600ml	辣椒粉	適量
上海紅薯粉條（或冬粉、蕎麥麵、日式素麵）	1 把（100 克）	魚露	10~15ml
		糖	1 小匙
泡菜汁與泡菜	1 小碟（50 克）	檸檬汁	1/2 顆
雞胸肉	1/2 份	鹽巴、糖	各 1 大匙（煮雞胸用）
豆芽菜	1 把	米酒	2 大匙（煮雞胸用）
香菜	1 株	薑片	少許（煮雞胸用）
小黃瓜絲	1 條	蔥白	少許（煮雞胸用）
小番茄	5 顆		

POINT!

塔塔幫你
畫重點

市場買回來的香菜軟塌、賣相口感不佳，怎麼辦？香菜泡在冷水裡一陣子，即可恢復新鮮時的脆度，放入保鮮盒可在冰箱保存數日，但還是要盡早用掉喔！

作法

1 上海紅薯粉條口感彈牙，但煮的時間比較長，大約需要 12 分鐘。一般的冬粉或寬粉泡水至軟後，以滾水煮 30 秒即可，蕎麥麵或日式素麵則視個人口感軟硬度而定。

2 煮好後放入冰水冷卻沖洗，把表面滑液搓洗掉後備用。

3 將小黃瓜切絲，小番茄切對半備用，做高湯用的昆布切絲。

4 雞胸肉切成等大塊，大約是一大片切 2~3 塊大小。

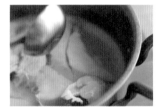

5 冷水放入雞胸肉，加入 1 大匙鹽、1 大匙糖、2 大匙米酒，也可加入蔥白或薑，開小火開始煮，大約煮到 90 度水滾前關火，浸泡一分半鐘取出，泡冰水 1 分鐘降溫，瀝乾後剝絲備用，不宜泡太久，雞胸會硬。

6 用煮雞胸肉的湯汆燙豆芽菜，汆燙 20 秒取出泡冷水瀝乾備用。

7 另準備湯碗放入泡菜汁，加入 1 匙的糖、辣椒粉、半顆檸檬汁、50 克的泡菜，4 大勺的昆布柴魚高湯，淋上 10ml 的魚露，拌勻完成湯底。

8 放入煮好的粉條或麵條、雞肉絲、小黃瓜絲、豆芽菜、昆布絲、小番茄，最後用香菜葉與檸檬角點綴，撒上少許辣椒粉增色即完成。

雞白湯拉麵

詳細影片
看這裡!

🥄 材料

熱水	1500ml	清酒	少許
去骨雞腿肉	600 克（切塊）	溫牛奶	50ml（1 人份）
青蔥	5~6 支		
蒜苗	1 支	**🥄 配料**	
洋蔥	1 顆（約 200 克）		
鹽巴	少許	燙熟黑木耳絲	適量
白胡椒	少許	溏心蛋	1 顆
三溫糖	少許（可省略）	燙熟豆芽菜	適量

塔塔幫你
畫重點

POINT!

I 牛奶要先溫熱，高湯的溫度才不會下降太多。

II 湯底可以依個人喜好加味噌調味，就變化成味噌拉麵；喜歡辣味的人，最後可撒上七味粉。

雞肉料理的幸福味道

🍳 作法

1 先將雞肉切塊，用鹽巴、白胡椒和一點清酒抓醃一下，再靜置 15 分鐘。

2 蒜苗斜切，洋蔥切成細丁，蒜頭拍裂。

3 蔥白和橄欖油入鍋，開中小火慢慢加熱，直到聞到蔥白散發焦香。

4 放入雞腿肉，先不翻動，將一面煎出焦香再翻炒一下，放入洋蔥丁、蒜頭、蒜苗拌炒。

5 炒到洋蔥軟化，此時以鍋鏟劃過，鍋底已經沒有多餘的湯汁。

6 加入一半份量的熱水，維持鍋內滾度，湯汁與食材融合時會產生乳化作用、呈現白色。再倒入剩餘熱水繼續煮滾（避免同時放太多水讓鍋溫下降太快）。

7 加入一點鹽巴、白胡椒、糖調味。維持煮滾狀態約 20~25 分鐘，如果湯水減少，可以補 1 杯冷水（200ml）繼續煮。

8 煮到差不多時，將湯面浮油撈起來，湯頭會比較清爽。

9 熄火，以濾網過濾出乾淨濃郁的高湯。

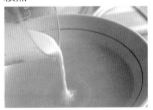

10 如準備 1 人份，在碗裡倒入 300ml 高湯，再加 50ml 溫牛奶攪拌，就完成雞白湯的湯底了。

11 將麵條放到碗底，加入蔥花。

12 湯底倒入拉麵碗，放上木耳絲、豆芽菜、溏心蛋，就完成了！

一款料理變出6個美味便當（上）
——製作起司白醬

詳細影片
看這裡！

🐟 材料

無鹽奶油	25 克
低筋麵粉	25 克
全脂鮮奶	300ml
帕米吉阿諾起司	20 克
（**Parmigiano Reggiano**）	
肉豆蔻（**Nutmeg**）	少許
鹽巴	1 小撮

POINT!

塔塔幫你
畫重點

Ⅰ 白醬可以做出很多西式料理，包括千層麵、白醬義大利麵，白醬焗烤等等，本篇的影片連結是沒有加起司粉的經典版白醬，你也可以依口味選擇要不要加。另外不妨也試試看其他變化料理，請看「白醬舞菇燉雞」的影片。

Ⅱ 300ml 的鮮奶也可改成一半鮮奶混一半鮮奶油，奶味更濃郁。

🥄 作法

1 把帕米吉阿諾起司用刨刀刨成雪花狀。將肉豆蔻用刨刀刨成粉狀。

2 將無鹽奶油放入鍋中，以小火加熱至融化。

3 將低筋麵粉倒入鍋中，用打蛋器攪拌均勻，攪拌到滑順沒有結塊的狀態。

4 先關火，加入一半鮮奶，攪拌至融合。

5 再次開火，然後再倒入剩餘鮮奶，開小火慢慢加熱。

6 接著加入刨好絲的帕米吉阿諾起司，攪拌均勻。

7 再加入 1 小撮肉豆蔻粉，攪拌均勻。

8 持續以小火慢煮，白醬會越來越濃稠，直到你喜歡的稠度為止。

9 最後嚐嚐看鹹度，如果不夠鹹，補 1 小撮鹽巴提味。

一款料理變出 6 個美味便當（下）
——不同口味的雞肉便當

詳細影片
看這裡！

材料

去骨仿土雞腿	2 隻
馬鈴薯	3 顆
紅蘿蔔	1 條
洋蔥	1 顆
蒜末	5 瓣
洋菇	適量
雞骨蔬菜高湯	適量

（湯的份量約淹蓋過食材即可）

白味噌	1 匙
咖哩塊	1 小塊
白醬	適量

（以 125ml 牛奶 +25ml 鮮奶油製作）

起司絲	1 大把
味醂	1 大匙
鹽巴	適量
白胡椒	適量

便當佐菜

花椰菜	適量
水煮蛋	2 顆
小番茄	適量
玉米粒	適量

（可依喜好變化）

🥄 作法

1 雞腿肉切塊,用鹽巴和白胡椒抓醃,靜置 15 分鐘。

2 洋蔥切細丁,馬鈴薯削皮、去牙眼,用水洗一下後切成不規則大塊狀。紅蘿蔔削皮,一樣切不規則狀。

3 熱鍋放油,放入雞腿肉,不翻動,單面煎 2 分鐘左右,煎出焦香後再翻炒,大致變色後先取出備用。

4 原鍋放洋蔥丁用鍋中雞油拌炒,炒到半透明時加入鹽巴、白胡椒調味,放入蒜末、紅蘿蔔拌一下,最後才加入馬鈴薯,拌炒出香氣。

5 放回雞腿肉,雞腿肉容器中的湯汁也別忘了倒回來。

6 加入雞骨蔬菜高湯和 1 大匙味醂,加蓋燉煮 15~20 分鐘。時間到時不掀蓋再燜 15 分鐘等入味。

7 準備好白醬,剛剛燉煮好的雞肉先取出 1/3 的量,剩下的 2/3 加入白醬攪拌均勻。

8 將 1 匙白味噌在湯勺中先溶化,再混入湯汁中。

9 可以放入蘑菇,更美味。再煮約 3 分鐘,白醬燉雞就完成了。

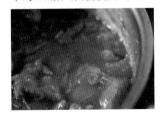

1 0 先前取出的 1/3 雞肉,加 1 小塊咖哩煮到融化(如要顏色更漂亮、更香可以再加點咖哩粉和胡椒)。關火後加蓋燜一下入味,咖哩雞即完成。

1 1 另一種口味:將通心粉放入可放烤箱的耐熱便當盒,淋上白醬燉雞,放花椰菜,撒滿起司絲。

1 2 將烤箱預熱至 250 度,把步驟 11 的通心粉放入烤箱烤 12~15 分鐘,看到起司融化變金黃色即可。

02

把豬肉料理得好澎湃

滷肉飯、焢肉、青椒炒肉絲……這些再家常不過的料理，十個家庭就會做出十種屬於自己的味道。塔塔喜歡嘗試各種調味或手法，讓豬肉料理多點變化，例如長得很像台式焢肉的角煮，吃起來有什麼不同？試試看就知道囉！

蘿潔塔手切滷肉飯

詳細影片看這裡！

◣ 材料

五花肉	600 克
大蒜	7~8 瓣
沖繩黑糖	20 克
（或其他香氣足的手作黑糖）	
醬油	30~35ml
清酒（或紹興）	200ml
熱水	100~150ml

◣ 香料

八角	1 顆（約 2 克）
月桂葉	1~2 片
白胡椒粒	10 克
茴香籽（Fennel seed）	15 克
大紅袍花椒	10 克
鹽巴	少許
白胡椒粉	少許

| 這個配方吃起來微麻微辣，會讓你家的白飯被搶光 XD，但如有小朋友或不喜歡辣辣麻麻口感，花椒、白胡椒可自行減量。

|| 沖繩手作黑糖的風味很棒，雖然也可以用其他黑糖取代，用的糖不同，風味也會有些許不同。

||| 如沒使用壓力鍋，水分酌量增加至可蓋過食材。步驟 8 的燉煮時間約為 35~40 分鐘，可參考影片（示範的材料為 2 倍份量）。最後的靜置時間可以放 24 小時，更入味。

塔塔幫你畫重點 POINT!

🥄 作法

1 香料除了八角和月桂葉，都放進滷包袋；蒜頭拍裂備用。

2 五花肉放冰箱至半凍狀態（比較好切），先切片後再切成約 1~1.5 公分的小肉條。

3 熱鍋 2 分鐘，不放油，放入五花肉條煎出表面焦香，撒少許鹽巴、白胡椒粉提味再翻炒（鹽不要多，後續會加醬油）。

4 加入蒜頭、八角與肉條翻炒後都推至鍋邊，騰出空間放入黑糖粒。以小火煮到黑糖融化呈現焦糖狀，再把肉條混進拌炒。

5 等肉變成琥珀色，倒入醬油，續炒到肉均勻上醬色，讓鍋底醬汁都吸收進去。將炒好的肉倒進壓力鍋。

6 原炒肉鍋子不要洗，倒入清酒以小火煮一下，把鍋內剩餘肉汁精華都刮下來，不要浪費了。

7 然後再把這鍋清酒倒入壓力鍋，放入滷包、月桂葉，補 100~150ml 的水，大約到剛好蓋過五花肉就可以了。

8 先開蓋煮滾 1~2 分鐘，讓香氣釋放出來，再蓋上鍋蓋，煮到壓力閥上升，再煮 1 分鐘後關火（請依照壓力鍋時間做調整）。

9 壓力閥下降後不要急著掀蓋，讓滷肉至少靜置 4 小時，讓味道更融合。開蓋之後重新煮滾約 10 分鐘，將醬汁稍微收一下，直到你喜歡的口感為止。

馬鈴薯燉肉

詳細影片
看這裡！

🍴 材料

洋蔥	1 大顆（約 300 克）
蒜末	35 克
紅蘿蔔	2 條（約 200 克）
馬鈴薯	3 顆（約 400 克）
豬五花肉片（厚片）	約 300 克
昆布柴魚高湯	500ml（作法見第 25 頁）
蒟蒻絲	1 盒
四季豆	適量（可省略）
蔥花	適量

🍴 醬汁

清酒	50ml
味醂	50ml
醬油	30ml
三溫糖	8~10 克

POINT!

塔塔幫你
畫重點

Ⅰ 做這道燉肉時塔塔用的是濃口醬油，也可依照個人喜好調整。

Ⅱ 本味醂沒有甜度，如果使用已有甜味的風味味醂，可不放糖
或減量。

作法

1 洋蔥切絲，紅蘿蔔滾刀切，馬鈴薯滾刀切。紅蘿蔔的大小約是馬鈴薯的一半。

2 蒟蒻清洗乾淨後抓鹽巴去腥，切片後再切絲。

3 熱鍋2分鐘後入油，放入五花肉片炒香，撒鹽、黑胡椒調味，炒到表面轉白即可起鍋備用。

4 原鍋放入洋蔥絲拌炒至半透明，加入蒜末一起炒香。

5 接著放入蒟蒻絲炒香，去除腥味。

6 接著放紅蘿蔔拌炒，並加1小撮鹽巴、胡椒調味。

7 放入馬鈴薯拌炒均勻。

8 再把五花肉片放回來拌勻。

9 淋入醬油熗出香氣，並加入味醂、清酒、糖，拌炒均勻後煮滾，直到酒氣揮發（約2分鐘）。

10 倒入500ml柴魚高湯稍微煮滾。

11 加蓋，轉中小火燉煮大約25分鐘，關火燜10分鐘入味。

12 開蓋後重新煮滾，撒上蔥花即可享用。

日式角煮

🍴 材料

豬五花肉	1 公斤	清酒	450ml
雞蛋	6 顆	（汆燙肉時用 50ml）	
蔥段	2 支	醬油	50ml
薑片	數片	鹽巴	適量
辣椒	1/2 條	三溫糖	40 克
白胡椒粉、白胡椒粒	各少許	（或砂糖，隨喜好增減）	
花椒粒	少許（提味用）		

詳細看這裡！看影片

塔塔幫你
畫重點

POINT!

Ⅰ 角煮跟台式焢肉做法不同,先煎、水煮後才開始燉,更清爽不死鹹。豬肉先煎過,燉煮時就不會散開。

Ⅱ 有如「料理面膜」般的落蓋(落しぶた)在日式料理很常見,因溫度會影響口感,燉煮醬汁比較少的料理時,落蓋可避免食材散裂、加速均勻入味、減緩水分蒸發。

Ⅲ 想吃半熟蛋,煮蛋時間設定 5 分 40 秒。最後步驟 8 不要再燉煮,以湯汁浸泡入味,做法類似溏心蛋。

Ⅳ 用日本酒來做角煮可以軟化肉質,做出柔軟的五花肉。如果小孩要吃不能加酒的話,可以改用碳酸水,也會有不錯的效果。

🥄 作法

1 五花肉解凍後切大塊厚片(有無帶皮皆可),用少許鹽、白胡椒粉搓揉均勻,靜置 15 分鐘,表面出水以廚房紙巾抹乾。

2 熱鍋 2 分鐘後放油,豬肉每面煎 2~3 分鐘,表面微有焦色後先取出,將原鍋油倒出後再放回五花肉,並倒熱水至蓋過食材。(油丟棄不要了)

3 續放薑片、蔥段、白胡椒粒、花椒、鹽、50ml 的清酒,一同煮滾後轉中小火續煮,並蓋上先剪好透氣孔的烘焙紙當「落蓋」。

4 煮 20~25 分鐘後取出五花肉,記得要用乾淨的冷開水洗掉多餘油脂,瀝乾備用。

5 肉片切成等大的塊狀後放入鑄鐵鍋,放入 2 片薑片、蔥段、1 小匙白胡椒粉、40 克的三溫糖與 1/2 條辣椒。

6 倒入 400ml 清酒與 200ml 清水,同樣蓋上烘焙紙做的落蓋,以中小火燉煮 25 分鐘。

7 雞蛋清洗後,在圓頭端戳小洞,放入另一鍋冷水開始煮,沸騰後約再煮 7~8 分鐘(要煮半熟蛋約 5 分 40 秒),取出後放冰水降溫,剝蛋殼備用。

8 取走步驟 6 的落蓋,這時才需倒入醬油、放水煮蛋,蓋回落蓋續煮 5 分鐘後關火(如果是半熟蛋就不煮)。

9 靜置 1 小時就可以吃了。冷藏一晚,隔天加熱後再吃也很棒,湯汁搭配白飯更是絕配。

日式蘿蔔燉肉

詳細影片
看這裡！

材料

昆布柴魚高湯	500ml（作法見第 25 頁）
五花肉	600 克
白蘿蔔	1 條（約 800 克）
薑片	5~6 片
醬油	30ml
味醂	30ml
清酒	100ml
黑糖	10 克
乾辣椒	1~2 條

POINT!

塔塔幫你
畫重點

Ⅰ 白蘿蔔建議削去兩層皮，口感會更入味柔軟。但蘿蔔削下的
皮也不要浪費，事先刷淨就可另外拿來熬湯唷！

Ⅱ 這個配方的湯汁不會太死鹹，淋上白飯超級下飯！

Ⅲ 各家壓力鍋的時間不同，請依照自己使用的鍋具調整，改用
一般鍋子慢煮或電鍋燉亦可。

作法

1 五花肉切片，厚度 3 公分左
右，用鹽、胡椒抓醃。

2 蘿蔔刨去 2 層皮，以滾刀切
塊。薑片切 5~6 片。

3 先將壓力鍋燒熱，直到灑水
會形成水珠為止。入油，將五
花肉入鍋煎出焦香。

4 加入黑糖與五花肉一起拌
炒。

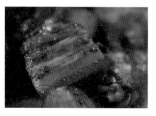

5 淋上醬油，熗出香氣，燒成
琥珀色。

6 加入味醂、清酒，放入蘿
蔔、薑片，加入昆布柴魚高
湯。

7 蓋上壓力鍋鍋蓋，等到壓力
閥上來，轉小火煮 2 分鐘，關
火。

8 等待洩壓後開蓋，再次開火
煮滾，加入乾辣椒配色，盛盤
上桌。

和風肉醬味噌咖哩

詳細看這裡片！

材料

豬絞肉	200~250 克	薑末	適量
牛番茄	1 顆	孜然籽	2 克
洋蔥	1 顆（約 150 克）	（Cumin，也可省略）	
紅蘿蔔	100 克	咖哩粉	10 克
牛蒡	100 克	西班牙煙燻紅椒粉	3 克
蔥花	2 株	味噌	15 克
白芝麻	適量	醬油	5~10ml
雞蛋	1 顆	熱水	100ml
蒜末	1~2 大瓣		

作法

1 牛番茄劃十字，放到滾水中
汆燙至皮縮開，再放入冰水中
降溫去皮切丁。洋蔥略切，紅
蘿蔔切成小塊，牛蒡去皮切小
塊，這3樣分別用調理機打成
細末。蒜頭及薑磨成泥狀，以
上備用。

2 開中火，爆香孜然到起泡
泡，加入洋蔥末拌炒均勻，持
續炒到黃褐色，可再加一點熱
開水，加速焦糖化。

3 加入蒜、薑泥及紅蘿蔔末，
炒到香氣出來，放入牛蒡末續
炒。

4 炒2分鐘後加入豬絞肉，炒
至顏色轉白，加入咖哩粉、煙
燻紅椒粉拌炒均勻。

5 放入番茄丁，並在鍋裡騰出
位置，放入一點熱水與味噌調
開避免結塊，與食材略拌炒，
加入1小匙醬油調味。

6 加入100ml熱水加蓋燉煮
20分後，關火燜至少15分鐘
等入味。

7 燜好後再次開火煮滾，就可
淋上香噴噴的白飯，撒點切好
的蔥花及白芝麻。

8 另起一鍋熱水，沸騰時加少
許醋後關火，先用筷子攪出漩
渦，將蛋放入漩渦中心，再次
攪出漩渦一次，讓蛋白繞著蛋
黃凝結，大約30秒就可以取
出半熟水波蛋。

9 將半熟水波蛋放在最上層，
完成。

香烤豬肋排飯

詳細影片
看這裡!

材料

材料	份量
豬小排	600 克
鹽巴	適量
（約排骨重量的 0.9%）	
白胡椒	適量
西班牙煙燻紅椒粉	3~5 克
洋蔥	1 顆
青蔥	1~2 根
烘焙過的白芝麻	少許

086

🥄 作法

1 豬小排用溫水浸泡並稍微搓洗，釋放血水。

2 靜置 20~30 分鐘，當水變混濁排骨顏色轉白，代表血水釋出，也可降低腥味。

3 豬小排洗淨後用紙巾拭乾，撒上鹽、白胡椒調味抓醃靜置 10 分鐘。

4 撒上西班牙煙燻紅椒粉抓勻，靜置 30 分鐘以上（或放冰箱一晚）。

5 烤盤上鋪錫箔紙，放上網架將排骨一一排好。如使用水波爐或蒸氣烤箱，選擇自動行程烤熟即可。

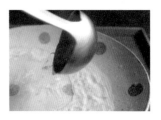

6 如是一般烤箱，取一淺碟裝兩瓢熱開水，將排骨烤架放置盤上，可增加烤箱的濕度避免肉質乾柴。

7 以攝氏 180~190 度烤 20~25 分鐘左右，時間可視豬排大小與烤箱火力調整。

8 切洋蔥絲、蔥段、蔥花備用。平底鍋入油熱鍋 1 分鐘，加蔥段爆香，下洋蔥絲，加鹽、黑胡椒調味，洋蔥變軟即可起鍋。

9 將白飯盛碗，放上炒好的洋蔥絲。

10 烤好的豬肋排疊在洋蔥絲上，撒少許蔥花、白芝麻點綴即完成。

三菇豚汁味噌湯

詳細影片
看這裡！

🥄 材料

舞菇	1/2 包	清酒	1 大匙
鴻喜菇	1/2 包	醬油	1 大匙
雪白菇	1/2 包	味醂	1 大匙
鹽巴	適量	味噌	15~20 克
白胡椒	適量		
五花肉片	適量		
紅蘿蔔絲	60 克		

POINT!

塔塔幫你
畫重點

I 菇類不需清洗直接烹調，因為菇會大量吸收水分，風味容易流失。舞菇容易鬆散不需剝得太小朵，且要晚點加入。

II 要讓味噌更快融入湯裡，可使用濾網，湯匙一邊壓一邊就化進湯裡了。

🥄 作法

1 鴻喜菇將蒂頭切除，和雪白菇剝成小朵狀。舞菇剝大朵。冷鍋先放入雪白菇與鴻喜菇。

2 開中火，不放油慢慢乾煎，聽到滋滋作響時開始翻動，炒出香氣後加入鹽、胡椒，把菇炒到焦香即可。

3 淋上芝麻油，放入五花肉片，將肉片拌炒出焦香。

4 放入紅蘿蔔絲炒至軟化。

5 加入適量的熱水，直到這時候才放入舞菇。

6 接著放入清酒、醬油、味醂各1大匙，讓湯煮滾，味道融合。

7 略煮後關火，再融入味噌調味，如此可保留完整的味噌風味，完成。

豆豉芹菜炒松阪豬

詳細影片
看這裡！

▶ 材料

松阪豬肉	200～250 克
芹菜	2 支
青蔥	3 支
嫩薑	約 10 克
大條辣椒	1/2 條
（可以省略）	
大蒜	2 瓣
濕豆豉	15 克
（不喜歡豆豉 可改成 1 匙醬油）	

▶ 醃肉醬料

鹽巴	1 小撮
黑胡椒	適量
紹興酒（或清酒）	1 大匙
醬油	1 大匙
糖（三溫糖更佳）	1 小匙（約 5 克）
蒜末	1 瓣
日本片栗粉	2 大匙（或太白粉）

POINT!

塔塔幫你
畫重點

Ⅰ 這道簡單的下飯開胃菜,可以改成牛肉或雞肉,甚至透抽也很好吃。不過透抽只要先汆燙過、清炒就可以了,不需要先醃漬。

Ⅱ 切肉片時,先順紋切大片,再逆紋斜切成小片。抓醃時讓肉均勻沾上醬汁和粉,如有湯汁在碗底就是太濕了,需要再補點粉。

🥣 作法

1 松阪豬切片加入醃肉醬料,抓醃入味並靜置。

2 芹菜 2 株切成段,青蔥切段,嫩薑切成薑絲,辣椒斜切,蒜頭切成粗蒜末。

3 熱鍋後入油,油量可稍多點,放入松阪豬半煎炸,變色才翻面,等到帶金黃色焦香,先取出肉片,留下鍋中的油。

4 熄火,等鍋的溫度稍降,放入蒜末跟辣椒,再次開中火爆香,聞到蒜香時再下薑絲、蔥白。

5 加入濕豆豉炒出香氣後,迅速放入步驟 3 的松阪豬肉片拌炒。

6 加入芹菜和蔥綠翻炒,時間不要太長以免芹菜失去爽脆口感,略炒後即可關火,加入辣椒做裝飾,完成。

豆豉排骨

詳細影片
看這裡！

▶ 材料

豬小排或豬軟骨	350 克

▶ 醃肉醬料

鹽巴	1 小撮
糖	1 匙 10 克
（或三溫糖）	
白胡椒粉	2 克
濕豆豉	15 克
醬油	1 小匙（5ml）
紹興酒（或清酒）	2 大匙
芝麻油	1 大匙（15ml）
日本片栗粉（或太白粉）	40 克
辣椒	1/2 條（可省略）
蒜泥	12 克
嫩薑泥	12 克
蔥白	12 克

**塔塔幫你
畫重點** POINT!

丨塔塔做過很多次豆豉排骨,用壓力鍋快速省力。有些壓力鍋需要放蒸架,請務必確認自己的壓力鍋使用方法。

丨丨如果肉腥味比較重,還是建議先用蔥白、黑胡椒粒、薑片煮水,先快速汆燙過排骨去雜質。作法可參考另一支影片。

作法

1 將排骨泡溫水 30 分鐘以釋出血水,取出後瀝乾。

2 撒上鹽巴、白胡椒抓醃,再靜置 10 分鐘,讓排骨入味。

3 切好蔥白末、辣椒末,和薑泥、蒜泥,以及所有調味料(片栗粉先不放),全部和排骨一起用手抓醃入味。

4 最後才加入片栗粉,再次抓勻。

5 壓力鍋內放入蒸架,加 250ml 的水(或壓力鍋指示的最低水位),將醃好豆豉等調味的排骨放入鍋中,開中火加熱,直到壓力閥上升,再轉小火煮 12~15 分鐘後關火(喜歡軟骨軟一點要煮 15 分鐘)。

6 盛好白飯,放上蒸好的豆豉排骨,撒上蔥花、白芝麻裝飾,完成。

青椒炒肉絲

詳細影片看這裡！

▶️ 材料（A）

青椒	1 顆
紅辣椒	1 根
豬肉絲	300 克
（部位：二層肉）	

▶️ 拌炒醬汁（B）

純釀醬油	2 大匙
清酒（或米酒）	1 大匙
薑泥	1 小指節份量

▶️ 醃肉醬汁（C）

純釀醬油	1 小匙
清酒（或米酒）	1 大匙
白芝麻油	1 大匙
三溫糖（或砂糖）	1 小匙
太白粉	1.5 大匙
黑胡椒	適量
鹽巴	適量

POINT!

塔塔幫你
畫重點

Ⅰ 細心的讀者會發現影片中的醬汁比例略有不同,其實是塔塔的口味越來越淡(笑),你也可以依口味和醬油鹹度稍微調整。

Ⅱ 青椒內的白膜口感不太好,我習慣會先削掉。不太敢吃辣的人,在辣椒斜切後可以稍微泡水把籽洗掉,減少辣度。

Ⅲ 如喜歡蒜味,可以在拌炒醬汁(B)中加點蒜泥。

把豬肉料理得好澎湃

🥄 作法

1 豬肉絲加入醃漬調料(C)抓醃,靜置 10 分鐘。

2 青椒切成絲,紅辣椒斜切備用。如不吃辣可將辣椒去籽,或用紅椒切絲取代,讓顏色更美。

3 磨一點薑泥混合醬油、米酒,拌勻成醬汁(B)。

4 熱鍋後入油,將青椒放入鍋中拌炒,去除生味,稍微變軟即可起鍋備用。

5 原鍋直接放入豬肉絲拌炒,炒到豬肉絲表面變白,放入辣椒。

6 倒入醬汁拌炒入味,等肉絲都呈現醬色後,將青椒回鍋拌炒約 20 秒即可起鍋。

珍珠丸子

詳細影片
看這裡！

🎬 材料

長糯米（圓糯米也可）	60 克	薑	1 小節
梅花絞肉	150 克	大蒜	1 小瓣
（選肥一點的，混五花肉更好吃）		白胡椒	1 小匙
鹽巴	1.5 克	蓮藕	1 小節
糖	3 克	（切碎丁後約 40 克）	
紹興酒	1 匙（10ml）		
白芝麻油	1 匙		

POINT!

Ⅰ 珍珠丸子其實沒有什麼標準作法，喜歡玉米可以加三色豆，買不到荸薺可以用蓮藕。沒有蒸籠可以用電鍋蒸。

Ⅱ 如果沒有食物處理機，可用手順時鐘方向將肉攪拌到出現黏性即可，可以加一點點水做「打水」，但不要多，以免肉丸子太水。

Ⅲ 做好的珍珠丸子蒸熟放涼後，密封包好、冷凍保存，下次只要直接回蒸就可以囉！

作法

1 糯米清洗兩遍後以溫開水浸泡，待涼移到冰箱，約泡 6~8 小時或一晚。

2 隔天將糯米瀝乾水分備用。薑、蒜頭磨成泥。蓮藕去皮後切成碎丁狀。

3 準備一張烘焙紙剪成蒸籠大小，對摺再對摺，剪出幾個牙口，讓蒸氣可以穿透。

4 將豬絞肉放入食物處理機攪拌 20 秒，打到肉表面起毛、出現黏性即可。

5 加入鹽、糖、紹興酒、芝麻油、薑泥、蒜泥、白胡椒粉，攪拌均勻不要打過度，以免肉丸失去彈性。

6 放入蓮藕碎丁攪拌均勻，挖一小球大約 20 克捏成球狀。

7 在肉丸表面滿滿的沾上糯米，輕輕放入蒸籠內。

8 起一鍋滾水，以中大火蒸 15 分鐘左右即可蒸熟。

9 上桌前點綴芹菜珠跟枸杞，視覺效果更棒！

高升排骨

詳細
看這裡
影片
！

◀ 材料

豬小排	600 克
鹽巴	約 2 克
白胡椒	約 2 克
蔥	2 支
薑片	約 8 片
大蒜	4 瓣
青江菜	適量

◀ 醬汁

紹興酒	1 大匙
三溫糖	2 大匙（約 30 克）
醬油	3 大匙
巴薩米克醋	4 大匙
紹興酒（或水）	5 大匙

POINT!

塔塔幫你
畫重點

Ⅰ 高升排骨的調料比例是「酒 1: 糖 2: 醬油 3: 醋 4: 水 5」，因為由 1 遞升到 5，有步步高升之意。

Ⅱ 醋跟醬油的比例也可以隨喜好做對調，通常用的是烏醋，我則改用義大利有機巴薩米克醋。

Ⅲ 醬汁中的 5 大匙水我替換成紹興酒，會更香，如不喜酒味用水即可。

✎ 作法

1 豬小排撒鹽和白胡椒抓醃，可提升豬肉的鮮味，靜置 15 分鐘。

2 蔥切段，薑切薄片，蒜頭壓扁後去皮。

2 將醬汁攪拌均勻。

4 熱鍋 2 分鐘入油，油量多些，放入豬小排半煎炸，先不翻動，讓小排煎出焦香後再翻面，兩面都煎出焦香。

5 取出小排，倒出鍋內的油，只留一點底油。

6 放入蔥、薑、蒜一起爆香，將辛香料的香氣都煸出來。

7 小排放回鍋中一起翻炒均勻後倒入醬汁，把小排鋪平讓每一塊排骨都可以吸收到醬汁。

8 煮沸 1~2 分鐘，讓酒氣揮發，轉中小火加蓋，再燉煮 25~30 分鐘。

9 約第 10 分鐘時先開蓋，將小排翻面，讓沒泡到醬汁的部分也能均勻上色，再蓋回鍋蓋繼續燜煮。

10 時間到，開蓋把火轉稍大，收汁並產生焦糖化，過程中要不時翻面，以免燒得太黑。等燒到小排吸滿醬汁、鍋底只剩油脂，即可關火。

11 燙青江菜對剖鋪底，將排骨一根根疊在青菜上，象徵步步高升，撒上白芝麻點綴，完成。

把豬肉料理得好澎湃

大阪燒

詳細影片
看這裡
！

◀ 粉漿材料（A）

低筋麵粉	60 克
冰水（或碳酸水）	60ml
無鋁泡打粉	8 克
鹽巴	2 克
蒜泥	1 小瓣
山藥泥	約 100 克
黑胡椒	適量

◀ 蔬菜材料（B）

高麗菜	200 克
洋蔥	40 克
青蔥	40 克
雞蛋	2 顆
五花肉片	適量
柴魚片	適量
海苔粉（可省略）	適量

◀ 醬料（C）

市售大阪燒醬汁	適量
美乃滋	適量

塔塔幫你
畫重點

POINT!

Ⅰ 太大份的大阪燒比較不好煎，可以分成小份，不僅快熟，表面也會比較脆。

Ⅱ 麵糊加了山藥泥吃起來會比較濕潤。

Ⅲ 醬料需要大阪燒醬汁和美乃滋，日本品牌的美乃滋會比較接近日本大阪燒的風味。大阪燒醬汁有蠻多大阪人推薦「オタフク」這個牌子，不過我覺得有點鹹，用量上要自己斟酌。

✍ 作法

1 高麗菜洗淨瀝乾，切成 1 公分條狀再切成小方塊，菜梗可切掉。2 支蔥切蔥花，磨 1 小瓣蒜泥調味和山藥泥備用。

2 低筋麵粉過篩，泡打粉過篩加入麵粉中，加少許鹽。裝麵粉的調理盆隔水以冰塊降溫。在麵粉中加入 50~60ml 冰水，先攪拌混合，倒入山藥泥後繼續攪拌。

3 加入磨好的蒜泥、黑胡椒調味，混合均勻。放入所有的蔬菜，打入 2 顆雞蛋，充分拌勻即可。大阪燒的蔬菜沒有一定，可依喜好任選。

4 開中火熱鍋 1 分半後倒入油，油可以下多一點。把所有粉漿、蔬菜等材料都倒入鍋子用中小火煎，不要用鍋鏟擠壓，盡量推往中間集中就好。

5 趁粉漿半熟時鋪上五花肉片，一片片鋪平排好，撒點黑胡椒味道更好。

6 從鍋邊觀察粉漿凝固的情形，可以適時搖晃鍋子感受熟度，如果還有流動感就是還沒有熟，待差不多凝固就準備翻面。

7 備一個比鍋面還大的盤子蓋上鍋子並快速倒扣，再將餅滑回鍋中續煎另一面，用鏟子整理一下形狀，維持中小火。

8 不時稍微搖晃鍋子可讓形狀更圓，用牙籤試試看，沒有沾黏麵糊就是熟了。起鍋前把火轉大一點燒 2 分鐘，同樣用盤子倒扣，將五花肉的部分翻到正面來。

9 烘焙紙鋪在桌面，放上大阪燒，淋醬汁時要視口味拿捏。撒點海苔粉，擠美乃滋，再趁熱撒上柴魚片。把大阪燒移到盤子上，就可以上桌囉。

古早味鹹湯圓

詳細影片
看這裡！

🥢 材料

香菇	8 朵（約 30 克）
乾蝦米	約 30 克
豬肉絲（二層肉）	250 克
茼蒿	適量
韭菜、芹菜丁	適量
油蔥酥	適量
醬油	1 大匙
白胡椒	適量
市售小湯圓	適量

🥢 醃肉醬料

鹽	1 小撮
糖	1 匙
白胡椒	適量
醬油	1 大匙
米酒	1 大匙
白芝麻油	1 大匙

POINT!

塔塔幫你
畫重點

Ⅰ 芹菜每次做菜用量都不多，可一次切好以真空保鮮盒
放冷凍保存，下次馬上就能用。

Ⅱ 切韭菜時的小撇步：保留菜販綁的橡皮筋，韭菜自然
成束狀不會分散，邊切邊移動橡皮筋位置，事半功倍。

作法

1 香菇清洗後用過濾水浸泡，可以用容器壓在香菇上，加速泡發。

2 清洗乾蝦米，用酒泡發，酒蓋過蝦米，浸泡 30 分鐘。

3 二層肉塊橫剖成兩片，逆紋切成肉絲，喜歡吃有咬勁的肉絲可以順紋切。

4 肉絲加入醬料抓醃，靜置入味。

5 芹菜摘掉葉子（也可保留）切細丁。韭菜前端的味道比較濃，可以切少許小丁爆香用，剩下部分切段。

6 香菇泡發後擠乾水分，去蒂頭切絲。

7 切好紅蔥頭下鍋炸油蔥酥備用（作法見第 216 頁）。

8 另起油鍋，開中火加熱，微溫即可放香菇和韭菜丁爆香，略炒出焦色時放入蝦米，若有乾魷魚也可放入。

9 煸出香氣後加入肉絲，炒到轉白，熗 1 大匙醬油，補少許白胡椒，淋少許泡蝦米的酒，略煮一下讓酒氣揮發，關火。

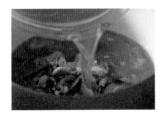

10 將炒料倒入湯鍋，加熱水、香菇水、泡蝦米的酒，煮滾後轉小火續煮，加一點糖、醬油調味，維持小火慢慢煮出味道。

11 另起滾水煮湯圓，要撥動避免黏鍋，浮起後即可撈出。

12 將熟湯圓放入湯鍋，並加入韭菜、茼蒿，補一點白胡椒增香，下一大把油蔥酥、芹菜丁，即可關火。

家常酸辣湯

詳細影片
看這裡！

材料（A）

肉絲（二層肉）	150 克
紅蘿蔔	60 克
金針菇	1/2 包
筍子	100 克
黑木耳	100 克
鴨血	1/4 份
嫩豆腐	1/2 份

醃肉醬料（B）

醬油	適量
糖	適量
紹興酒	適量
白麻油	適量
白胡椒粉	適量

高湯材料（C）

水	1100ml
柴魚片	20 克
清酒	2 大匙
醬油	1 大匙
糖	1 大匙
白胡椒粉	適量

勾芡和調味（D）

太白粉（或日本片栗粉）	2 大匙（約 30 克）
水	約太白粉 2~3 倍的量
雞蛋	2 顆（打散）
香醋	2 大匙
香油	少許
白胡椒粉	少許

POINT!

塔塔幫你
畫重點

Ⅰ 酸辣湯建議使用嫩豆腐，買來後可以先放到水裡保持濕潤更好切。

Ⅱ 鴨血要先泡水放冰箱保存，如果覺得有味道可先汆燙過再下鍋。

🥣 作法

1 肉絲加入醬料（B）的醬油、糖、紹興酒、白麻油、白胡椒粉抓醃。

2 紅蘿蔔先切片再切絲。金針菇切段。煮熟的筍子切成片再切絲。黑木耳切絲。

3 豆腐切之前淋一點水較好切片，切片後像是骨牌一樣推倒，接著一刀一刀往下切，就很容易切出漂亮的豆腐絲。

4 把另一個小砧板輕蓋在豆腐上，翻過來擺好備用，烹煮時滑下鍋即可保持豆腐絲完整。

5 鴨血也可比照辦理，切片後排列整齊切絲。

6 起一鍋熱水，滾後關火放柴魚片，加蓋燜 2 分鐘。再過濾出高湯倒回鍋裡，加清酒、醬油、糖調味，可多加 1 匙白胡椒粉增香。

7 煮滾後放紅蘿蔔絲、金針菇、筍絲、木耳絲，喜歡蒜味可加一點蒜末。續煮 2~3 分鐘即可放入豆腐與鴨血，最後才下肉絲。

8 準備 2 大匙太白粉，加入冷水攪拌均勻。

9 湯滾時勾芡，湯匙往同一個方向撥讓湯液變稠。

10 將火轉到最小，緩緩將打散的蛋液沿筷子倒入，拉得越高蛋絲越細，稍等片刻再撥動，就可以煮出絲緞般美美的蛋花。

11 先在碗底放香醋 2 大匙、少許香油、少許白胡椒粉。

12 將滾燙的酸辣湯直接沖入碗中，撒上香菜葉、視個人喜好可再增加白胡椒粉或醋，完成。

夜市皮蛋瘦肉粥

詳細看這裡!

🏷 材料

米	200 克（約 4 人份）		白胡椒粉	少許
蛤蜊	250 克		三溫糖	少許
絞肉	60 克		昆布柴魚高湯	140ml（1 人份）
雞蛋	1 顆		（作法請見第 25 頁）	
皮蛋	1 顆		水	2200ml（煮白粥用）
清酒	2 大匙			
鹽巴	少許			

塔塔幫你
畫重點

POINT!

Ⅰ 塔塔用了高湯和蛤蜊提鮮，如怕麻煩也可改用市售高湯或雞粉增鮮。

Ⅱ 先煮好一大鍋白粥，要做皮蛋瘦肉粥時一次煮 1 人份更容易掌握味道，1 碗使用 1 顆皮蛋，大約舀出 500 克的白粥來做。

Ⅲ 通常中式的粥會先把粥底煮好，快起鍋時再放入肉絲跟皮蛋混合、撒上蔥花，這道皮蛋瘦肉粥正是仿效士林夜市的粥品作法。

作法

1 將白米輕快的清洗兩遍，放入壓力鍋加 2200 ml 水。

2 加蓋以中火煮滾，等壓力閥劇烈搖晃後，大約再 30 秒就關火等待洩壓，不能開蓋。

3 準備一小鍋事先做好的昆布柴魚高湯。

4 高湯加 2 大匙清酒以中火煮滾，放入蛤蜊，煮到開口後再滾 2 分鐘就熄火。

5 將 1 大瓢柴魚高湯（70ml）和少量絞肉（約 60 克）先一起以中大火煮滾。等絞肉變白就可以加點鹽、白胡椒調味，亦可加少許糖更能提鮮。

6 準備好約 500 克的熱白粥（1 人份），但只先舀出少許粥，倒入絞肉鍋中一起略煮，讓味道煮出來。

7 煮到差不多融合了，繼續加 1 大瓢高湯、加入先剝好並以開水洗過的皮蛋。以湯勺把皮蛋剁碎，倒入剩下的白粥，湯勺順時鐘快速攪拌，加速融合。

8 煮到米粒完全爆開，打一顆蛋放湯勺上，放入粥裡快速打散，直到蛋液完全融入粥裡即可。

9 可再撒點白胡椒（也可加點芹菜珠），夜市口味的鮮美皮蛋瘦肉粥就完成了。

高麗菜水餃

詳細影片
看這裡！

🥢 材料

豬絞肉	600 克
高麗菜	500 克
韭菜	60 克
（不喜歡韭菜可換成蔥）	
青蔥	60 克

🥢 內餡調味

紹興酒	2 大匙
鹽巴	10~12 克
糖	15~20 克
白胡椒粉	5 克
白芝麻油	2 大匙
薑泥	15 克
蒜泥	15 克

塔塔幫你
畫重點

POINT!

I 絞肉可以買梅花肉，或者梅花肉配一點肥肉，口感更滑順不澀。

II 包水餃時記得先壓黏中間，再從外側一邊摺一邊黏進來，詳細手法可參考影片。

III 可準備塔塔特製的沖繩辣油，兌上一點醬油露混合，就是很好吃的水餃沾醬囉！

IV 塔塔家包水餃，高麗菜不會脫水處理，如此可保留高麗菜的脆度鮮味，但餡料必須要保持低溫，才不會出水不好包。

🥄 作法

1 先將豬肉冷凍 30 分鐘（保持低溫），放入食物調理機裡面，加入所有餡料調味料。

2 將絞肉攪打成表面微起毛、成團，就可包好放回冷凍庫保存。

3 高麗菜切碎，韭菜切碎。

4 青蔥切蔥花，蒜頭磨泥。

5 如果溫度升高肉餡會太軟，比較不好包。一邊包一邊取出適量的餡料即可。

6 將豬肉餡從冰箱取出，與步驟 3、4 的蔬菜混合均勻。

7 先取出部分餡料備用。剩餘的肉放回冰箱保持冷度。

8 取水餃皮，稍微拉開些，放入 18~20 克的餡料，在皮的外圈沾上一點水。

9 在皮的兩邊拉扯一下，壓緊中間，讓中間的皮黏合。

10 一手壓著中間，一手從外側往中間抓出摺子，另一邊也是，就可包出美美的餃子。

11 將包好的餃子排在盤子上，如沒有馬上要煮，整盤先放冷凍定型，等餃子表皮都硬了之後，再用塑膠袋收集冷凍。

12 起一鍋水，沸騰後下水餃，現包餃子約煮 4~5 分鐘，冷凍水餃約 7~8 分。餃子剛下時要馬上輕攪以免黏鍋。看到餃子皮有點鼓鼓的，就是熟了要撈起囉。

把豬肉料理得好澎湃

109

鑄鐵鍋油飯

🍴 材料

圓糯米	400 克		醬油	1 大匙
（洗淨後泡 1 小時）			白胡椒粉	適量
乾香菇	30 克		香菜	少許
乾蝦米	25 克			
紅蔥頭	70 克		### 🍴 醃肉醬汁	
（切完約 45 克）			醬油	1 大匙
玄米油或者耐高溫的油	90ml 左右		紹興酒（米酒）	1 大匙
（紅蔥頭的兩倍）			白芝麻油	1 大匙
豬肉絲（部位：二層肉）	250 克		白胡椒粉	1~2 克
乾魷魚	1/2 隻		鹽巴	1 小撮
（約 50 克）			糖	1 小匙
糖	1 小匙			

詳細影片看這裡！

塔塔幫你
畫重點 POINT!

| 糯米要先泡 1 小時。

|| 用電鍋做油飯也很美味！將糯米與水的比例改成 1:0.6（或 0.7），糯米飯先單獨蒸熟，炒料分開處理爆香，與飯拌勻後再二度蒸過，詳細作法請看影片。

🥣 作法

1 乾香菇洗淨，用 10 倍的水浸泡 1 小時、乾蝦米泡米酒備用。

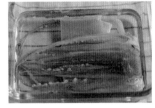

2 乾魷魚泡水，水量大約 300ml，加入 8 克的鹽巴浸泡，至少 1 小時。

3 豬肉絲加入醃肉醬汁，抓醃入味，直到水分都吸收進去為止。

4 將切好的紅蔥頭放入鑄鐵鍋，加玄米油以小火焗油蔥酥，將焗好的油過濾，油蔥酥鋪放廚房紙巾晾乾。

5 將泡好的魷魚逆紋切絲，香菇擠乾水分切絲，蝦米瀝掉水分。

6 鑄鐵鍋加入 4 大匙的紅蔥油，開中火，加入香菇絲焗出香氣，邊緣呈現焦香時，加入蝦米爆香，放入魷魚絲、豬肉絲拌炒，撒上白胡椒粉、糖、醬油，炒出香氣後就關火。

7 泡好的糯米瀝乾水分，放入鍋中與料拌勻。

8 加入糯米重量 0.7 倍的水，其中包括香菇水 200ml、清酒 50ml、清水 30ml。

9 撒滿油蔥酥，用鍋鏟鋪平表面，並讓上面每一粒米盡量浸到水，加蓋開中火煮滾，轉小火煮 10 分鐘，關火再燜 15 分鐘。

10 開蓋後立刻鬆飯，散去所有水蒸氣，讓油飯粒粒分明。

11 隨喜好添加白胡椒粉、香菜或芹菜、油蔥酥、1 小匙的芝麻油提香。

榨菜肉絲麵

詳細影片看這裡！

🐟 材料

排骨	1/2 斤	薑片	適量
榨菜	250 克	薑泥	少許
豬後腿肉絲	250 克	米酒	適量
辣椒	1/2 根	橄欖油、白芝麻油	適量
大蒜	2 瓣		
青蔥	2 支		

POINT!

塔塔幫你
畫重點

Ｉ 榨菜絲必須用熱水泡到吃起來沒什麼鹹味，否則水分炒乾後會過鹹。泡的時候不能煮，水溫約攝氏 95 度就好，否則太軟會失去口感。

Ⅱ 肉骨和榨菜一起熬湯頭的步驟不能省，清澈湯頭搭配炒香過的榨菜肉絲，絕配！

🥣 作法

1 半斤排骨放入冷水，加入薑片、少許米酒開火汆燙，不要等到沸騰，水快要滾之前就取出排骨，以冷水洗去浮沫雜質。

2 排骨放入鑄鐵鍋，另加 1800ml 冷水，放入 2 瓣大蒜、一點薑片、少許米酒。

3 榨菜洗淨切成片狀，用水清洗兩三遍，其中約 40 克（不必太多）放入湯鍋與排骨一起熬湯，放少許胡椒粒提味，中火煮滾後轉小火加蓋燉煮 40 分鐘。

4 將其餘榨菜切片再切絲。準備另一鍋熱水，沸騰後關火，放入榨菜絲浸泡約 25 分鐘，可降低榨菜鹹度。

5 肉絲調味，加入少許糖、白胡椒、薑泥、1 大匙清酒、少許醬油、1 大匙的白芝麻油，順著同一方向抓醃，讓水分抓入肉裡，放少許太白粉抓勻後靜置 15~30 分鐘。

6 蒜頭 3 瓣切末，半條辣椒斜切片，蔥白切段，泡過的榨菜試一下鹹度。

7 冷鍋放入橄欖油、芝麻油，放蒜末、辣椒跟蔥白煸香後加入肉絲，表面轉白後推到角落。

8 榨菜絲放入炒乾，再與肉絲等材料混合，熗入少許米酒，加 1 大瓢步驟 3 的排骨高湯，滾到湯汁乳化即可熄火。

9 煮好麵並汆燙小白菜盛碗，將步驟 3 的排骨高湯沖入麵碗中，把所有的炒料鋪到麵上，完成。

番茄培根義大利麵

詳細影片看這裡！

📋 材料

義大利麵（2人份）	約 150 克
紅椒	1 顆
小番茄	80 克
香菜 葉（或巴西里）	少許
蒜末	約 15 克
培根	50 克，切成小塊狀
乾辣椒	1~2 條（隨喜好調整）
橄欖油	適量

🥄 作法

1 將紅椒放在烤網上烤至表面焦黑（亦可以直接放在瓦斯爐上燒炙）。

2 用烤肉夾或是叉子把燒焦的表皮剝乾淨。

3 去除蒂頭後對切，將紅椒攤平，去籽切成條狀。

4 培根 50 克，切成小塊狀，小番茄切對半，香菜取葉子部分，蒜末切 15 克左右，乾辣椒 1~2 條，剪成小塊狀。

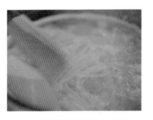

5 起一鍋熱水加入水量 0.5% 的鹽開始煮義大利麵，按照包裝指示減少 2 分鐘。

6 熱鍋放橄欖油，將培根放入鍋中以中小火煎到邊緣微焦的狀態，撒上黑胡椒和少許鹽調味。

7 加入少許乾辣椒，放紅椒拌炒吸收油分，加入 15 克的蒜末拌炒。

8 繼續放入小番茄拌炒至軟化。

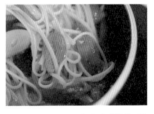

9 將煮好的義大利麵撈起放入鍋中拌炒，加入 2 瓢煮麵水讓麵吸收醬汁，淋上適量的冷壓橄欖油乳化。

10 關火後加入香菜葉或是義大利巴西里（兩者香氣不同，選擇手邊容易取得的即可）。

11 起鍋前試鹹淡，撒入黑胡椒跟鹽調整，喜歡吃起司的朋友，可以刨入帕瑪森起司屑。

豪華版炒米粉

📎 材料

乾香菇	25 克（洗淨先泡 1 小時）
乾蝦米	25 克（以米酒泡開）
肉絲	200~250 克
紅蘿蔔	60 克
黑木耳	60 克
蒜苗	半支（約 60 克）
芹菜	2 株
高麗菜	200~250 克
紅蔥頭	30 克
米粉（或炊粉）	200 克

📎 醃肉調味料

薑泥	1 小匙
鹽巴	1 小匙
糖（三溫糖）	1 小匙
白胡椒	1 小匙
白麻油	適量
米酒	1 大匙

📎 蛤蜊高湯

水	1000ml
蛤蜊	300~600 克（依個人喜好）
透抽	1 隻（可省略）
薑絲	適量
米酒	適量

詳細影片看這裡！

POINT!

塔塔幫你畫重點

如何讓肉絲不柴又軟嫩？其實不難，我喜歡用二層肉來做肉絲，二層的肉質很細，肥肉比較少，既不會太油膩也不會太柴。切的時候記得先逆紋切成片，之後再切成肉絲，吃起來就不會老。

🥣 作法

1 逆紋切肉絲，加入薑泥、鹽巴、糖、白胡椒、白麻油、米酒抓醃。

2 紅蘿蔔、木耳切絲，蒜苗前半斜切片，芹菜前段切成段狀，後半和蒜綠與芹菜較嫩部位，切細花當成裝飾用。

3 高麗菜葉疊好，用手掌用力壓平後切粗絲備用。

4 蝦米泡開後，倒出浸泡蝦米的酒。香菇擠乾水分，切掉蒂頭再切絲。

5 1000ml 的水加薑絲和少許米酒煮滾，水滾後放入蛤蜊，煮到開口就可以關火了。透抽切絲放入浸泡，約 7~8 分熟先撈起備用。

6 另準備一大鍋熱水，滾後關火，放入米粉蓋上鍋蓋，浸泡 1 分鐘撈起，但一樣加蓋續燜備用。

7 紅蔥頭切細，炒鍋放油（可加少許白芝麻油增香），冷鍋放入紅蔥頭開火煸出香氣，加香菇、蝦米一起煸，直到香菇表面有點焦黃。

8 放入紅蘿蔔絲炒到變軟與油脂融合，放入木耳絲拌炒至發出吱吱聲即可。放入蒜苗、芹菜翻炒到軟化後加鹽、白胡椒調味。

9 將蔬菜推至一邊，另一邊放入肉絲炒到表面轉白，撒上白胡椒調味，再與蔬菜一起拌炒。

10 下高麗菜絲，加入蛤蜊高湯約 500~600ml 左右（視個人口感喜好調整水量），再加少許糖提味，略煮 2~3 分鐘（亦可加入少許醬油）。

11 將步驟 6 燜好的米粉以剪刀剪成小段，倒入炒鍋中以小火或關火翻炒，直到米粉完全吸收鍋內的湯汁。

12 放入步驟 5 燙好的透抽絲，以少許白胡椒、香油提味，加芹菜丁炒勻，盛盤後放上蒜綠末裝飾即成。

古早味芋頭米粉湯

◖ 材料

米粉	1/2~1/4 包	芹菜	1 株
蛤蜊	1 斤（先吐好沙）	高湯或水	1500ml
炸芋頭	400~500 克	米酒（或紹興）	適量
（可炸多一點冷凍備用）		薑片	適量
生排骨	1/2 斤	油蔥酥	隨喜好
醃好的豬肉絲	100 克	白胡椒粉	適量
（作法請見＜豪華版炒米粉＞）			
乾香菇	15 克（先泡開）		

◖ 油蔥酥材料

蝦米	5 克（以米酒或紹興酒先泡開）
蒜苗	1 支

紅蔥頭	30~40 克
玄米油	約紅蔥頭的 2 倍量

詳細影片
看這裡
！

POINT!

塔塔幫你
畫重點

炸芋頭：切芋頭的時候不要切太大，以免不好熟。起油鍋，等到180度再開始炸（插入筷子時旁邊會快速起泡，溫度就差不多了），也可用半煎炸的方式節省油量。大約6分鐘，當筷子可輕易戳進芋頭即可起鍋，放在網上晾乾。

作法

1 將生排骨、薑片從冷水開始煮，不要煮滾，血渣一浮起就取出排骨沖洗。排骨重新加1500ml的水，放入薑片、一點米酒、鹽巴、糖，再次以冷水煮滾（要撈出浮沫，湯頭才不會濁），蓋上鍋蓋以小火燜煮35分鐘，熄火後續燜15分鐘。

2 紅蔥頭切小片，火不要太大，慢慢煸，紅蔥頭開始變色就熄火，只用餘溫繼續煸即可。將蔥油濾出，油蔥酥鋪在紙巾上晾乾備用。

3 蒜苗切小段，蒜白、蒜綠分開，芹菜拍一下切成段，部分切成芹菜珠。

4 泡開的香菇擠乾水分，切絲。

5 鍋中加入3大匙油蔥、香菇、蝦米爆香，放肉絲翻炒，再加入蒜苗、芹菜，放入事前炸好的芋頭一起拌炒。

6 將步驟1的排骨和薑片取出，可只留2~3塊排骨，連同薑片和炒過的材料全倒入湯鍋燉煮，加點米酒，並可倒入泡香菇水（先濾掉雜質）。撈出泡沫浮油，加蓋以小火煮約20分鐘，要吃軟爛的芋頭可煮至30分鐘。

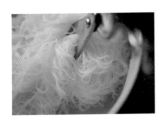

7 同時另起一鍋水煮滾，放入米粉後蓋上鍋蓋，熄火燜10分鐘。取出米粉，剪成適當長度以免太長不好入口。

8 燉煮的湯鍋加入蛤蜊提鮮。

9 放入米粉煮至喜歡的口感，最後放入蒜綠、紅蔥酥、芹菜珠，加點鹽、白胡椒調味即完成。

03

魚鮮海味當主角

海鮮料理端上桌總是很吸睛，本篇介紹用海鮮當重點食材的料理如西班牙燉飯、海鮮粥等主食，還要教大家清爽的海鮮類佐菜、涼拌或小點，當然了，也有超級鮮濃的鱸魚湯！

西班牙蒜蝦

詳細影片看這裡！

材料

白蝦	12 隻
鹽巴	適量
黑胡椒	適量
蒜頭	30 克
乾辣椒粉	適量
太白粉	適量
巴西里葉	適量
（或任何喜歡的香料）	
檸檬汁	少許
法國長棍麵包	1 條

POINT!

塔塔幫你
畫重點

這道菜也是小酒館常見的小菜，把法國麵包抹上蒜蝦油烤酥，超級美味！

作法

1 白蝦開背去腸泥。

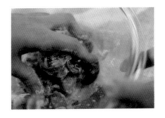

2 放到碗裡撒入太白粉搓揉一下，可使蝦較白、口感脆，並且去除蝦肉上的黏液和腥味。

3 輕輕沖洗蝦子，用廚房紙巾擦乾，以少許鹽抓醃，放入冰箱冷凍備用。

4 大蒜切片。

5 巴西里切碎、乾辣椒備用。

6 取中型（約 20 公分）鑄鐵鍋，倒入份量可足夠蓋到蝦身一半高度的橄欖油，加入蒜片、乾辣椒煎香。

7 再放入白蝦煎至兩面轉紅，入鹽、黑胡椒調味，撒上巴西里，關火。

8 鐵鍋開大火熱鍋 3 分鐘，法國長棍麵包斜切片，抹上煎蝦的蒜油，塗抹面朝下煎入味。將蝦子鋪上麵包，擠一點檸檬汁、撒上巴西里裝飾即完成。

舞菇海鮮春雨

詳細影片
看這裡！

🏷 材料

冬粉	1 把
紫洋蔥	1/2 顆
蝦子	8 隻
透抽	1/2 隻（約 150 克）
舞菇	1 包
小番茄	10 顆
紅蘿蔔	20 克
小黃瓜	1/2 條（約 30 克）
香菜葉	適量
蔥白	2 支
嫩薑	4~5 片

🏷 醬汁

檸檬	1~2 顆
香菜梗	適量
魚露	5~20 ml
椰糖	1 匙（約 10 克）
泰式酸辣醬	2 大匙（30ml）
蒜末	約 15 克

塔塔幫你
畫重點

POINT!

Ⅰ 汆燙蝦子和透抽的時間約 1 分半；煮冬粉的時間約 40 秒。

Ⅱ 舞菇熟了會縮水，不要剝太小朵，汆燙時間約 2 分鐘。

Ⅲ 喜歡吃冰涼口感，可以先放冰箱冷藏 1~2 小時，更入味。

作法

1 打開舞菇包裝，剝成小朵狀備用。冬粉放在冷水中浸泡到軟，紫洋蔥逆紋切成絲，泡冰水降低辣味。

2 水加入蔥白、嫩薑片煮，汆燙蝦子跟透抽，取出泡冰水後備用。冬粉煮熟後，取出用冷水沖洗掉黏液，剪成適當長度備用。舞菇燙熟，取出泡冰水備用。

3 紅蘿蔔刨絲，小番茄對切，小黃瓜切絲。

4 檸檬擠汁，蒜頭切成蒜末，香菜莖切細。

5 步驟 4 加入椰糖、泰式酸辣醬、魚露，混合均勻成醬汁。

6 醬料和所有食材一起拌勻，手撕香菜葉裝飾，完成。

蔬菜海鮮煎餅

詳細影片看這裡！

🍴 材料（A）

紅蘿蔔絲	30 克
韭菜	30 克
高麗菜	2 片（約 70~80 克）
青蔥	1 支（約 20 克）
洋蔥	1/4 顆（約 70 克）
白蝦	6~8 隻
透抽	1/2 隻（約 100 克）
蒜末	15 克
雞蛋	2 顆（打散）

🍴 煎餅粉（B）

低筋麵粉	80 克
番薯粉	20 克

（也可用太白粉，口感不同）

白胡椒	3 克
鹽巴	3 克
無鋁泡打粉	5 克
糖	5 克
冰水（或碳酸水）	90~100ml
冰雞蛋	1 顆

🍴 沾醬（C）

糖	1 小匙
醬油	1 大匙
醋	1 大匙
蒜末	少許

（喜歡吃辣的人可以再多加辣醬）

POINT!

塔塔幫你
畫重點

┃韭菜梗前端比較硬，建議切下後另使用於別的料理。做煎餅的高麗菜可用比較外葉的部分會比較脆。透抽不要去皮會比較脆。

┃┃煎餅煎到已固定成型的時候，可以順時鐘方向多畫圓搖晃幾次，讓煎餅更圓更漂亮，並用鏟子壓幾下，會更焦脆好吃。

🥄 作法

1 所有蔬菜都切成絲狀混合。海鮮切成等量大小。將煎餅粉的所有材料（B）混合均勻成粉漿備用。

2 鍋子燒熱 2 分鐘，加多一點油，倒入一部分的煎餅糊鋪勻。

3 放入蔬菜、鋪上所有的海鮮材料，淋入剩餘的煎餅粉漿，再淋上 2 顆先打勻的雞蛋液。

4 加蓋燜蒸，直到蝦子轉紅色呈現半熟的狀態。

5 開蓋，用大盤子蓋在鍋上倒扣取出煎餅，鍋中補上一點油。

6 再將煎餅滑回鍋中，讓另一面也煎出焦脆的口感。

7 以順時鐘方向搖晃鍋子，確定沒有沾鍋，就可以倒扣出煎餅，調製海鮮煎餅的沾醬，上桌。

蝦仁燒賣

詳細看
看這裡
這裡
！

材料（A）

蔥花	1 支
白蝦	7~8 隻
（約 100 克，去殼）	
沙蝦	12 隻（裝飾用）
梅花絞肉	110 克 +40 克肥絞肉
（或五花肉 150 克）	

肉餡醬料（B）

鹽	2 克
（約肉重量的 0.8%）	
糖	5 克

白胡椒	1 克
紹興酒	1 大匙
白芝麻油	1 大匙
薑泥	3 克
蒜泥	3 克

燒賣皮材料（C）

中筋麵粉	200 克
玉米粉	20 克
溫水	120 ml（65 度）
鹽巴	3 克
（約可做 45 張燒賣皮）	

POINT!

塔塔幫你 畫重點

Ⅰ 蝦仁燒賣的醬汁可以用醬油露 1：醋 3，再放點嫩薑絲就好吃唷。

Ⅱ 如果喜歡肉餡有荸薺或香菇，可以在拌入蔥花的步驟時一起加入。

Ⅲ 蒸燒賣使用的烘焙紙，可先沿長邊對摺數次，摺成長條型，再剪出一個個小洞以利透氣。

🥣 作法

1 將半冷凍狀態的豬絞肉跟白蝦肉，放到食物處理機慢速攪拌，直到肉呈現毛茸茸泛白的狀態即可。接著放入所有肉餡醬料，繼續攪拌 1 分鐘成團狀，取出放到調理盆中，放入蔥花用湯匙或手混合均勻，放冷凍 30 分。

2 製作燒賣皮：將中筋麵粉加入玉米粉、少許鹽、水，一邊攪拌一邊混合均勻，用手捏成團狀，蓋上濕布靜置 20 分鐘。接著撒上麵粉揉捏成光滑的麵團，放入水晶碗蓋上濕布再靜置 1 小時。將麵團揉成長條狀，分割成小麵團，一個 7 克左右，壓扁，擀成麵皮。

3 再將邊緣擀成荷葉邊。

4 取燒賣皮放置於掌心，將每份約 25 克的肉餡放到皮中間，利用虎口捏成燒賣。

5 不必封口，稍微捏出「腰身」。

6 放上一隻沙蝦於開口處作為裝飾。

7 將蒸籠鋪上烘焙紙，將包好的燒賣一一排在蒸籠上。等水燒開後，放上蒸籠，中火蒸約 10 分鐘即可。

泰式海鮮酸辣湯

詳細看這裡片！

🐟 材料

蛤蜊	1 斤
（先吐沙 1 小時）	
蝦子	6~8 隻
透抽	1/2 隻
洋蔥	1/4 顆
草菇	適量
香菜梗	1~2 株
辣椒	1~2 條
紅蔥頭	3~4 瓣
南薑	數片
（可用一般薑片替代）	

檸檬	1~2 顆
香茅	3 支
泰國檸檬葉	2~3 片
番茄	8~10 顆

🐟 調味料

魚露	1 大匙
泰式酸辣湯醬	1~2 大匙
（泰式紅咖哩醬也可）	
椰糖	1 大匙
（一般糖也可）	

POINT!

塔塔幫你
畫重點

泰式香料如檸檬葉等，可以到大型超市購買。

作法

1 蝦子剪鬚去腸泥。

2 透抽切片備用。

3 洋蔥切塊，香菜莖切段，辣椒去籽，紅蔥頭去皮切塊，南薑切片，檸檬擠汁。

4 香茅去殼拍打釋放香氣後切段，泰國檸檬葉備用。

5 煮一鍋水，水滾開後放辣椒、洋蔥、紅蔥頭、南薑、香茅、香菜莖、檸檬葉（撕開搓揉讓香氣更容易釋放）。

6 加入魚露、泰式酸辣湯醬、椰糖調味，加蓋小火燉煮 10 分鐘。

7 加入蛤蜊煮開，此時可視個人口味喜好決定是否加少許椰奶。

8 依序放入蝦子、透抽、草菇，關火將海鮮泡熟。

9 上桌前可切 1 小塊檸檬擺在上面，完成。

超好喝鱸魚湯

詳細影片看這裡！

🐟 材料

鱸魚	1 尾
薑片	適量（老薑或嫩薑皆可）
胡椒	適量
清酒（米酒）	適量
青蔥	適量

塔塔幫你
畫重點

POINT!

Ⅰ 我會用乾淨牙刷將魚肚、魚鰓內側刷一刷,可以去除內部的雜質血漬。

Ⅱ 步驟10一定要將火調到最小,讓魚肉幾乎是「泡熟」而非大滾狀態煮熟,這樣魚肉才會嫩。

🥣 作法

1 鱸魚的魚肚與魚身上均勻抹上鹽,靜置 10~15 分鐘,排出水分去除黏液。

2 清水沖洗去除肚內血漬後再擦乾。

3 切魚時先從正上方的背鰭處劃開第一刀,第二刀切開魚鰓旁的肉,就可沿著骨縫切出完整魚片,最後在尾巴處切斷。

4 切另一面時,則反過來先從尾巴處下刀,再一樣沿骨縫取下一大塊魚肉。

5 取下的魚肉切片備用。(詳細切法可看影片)

6 剩下的魚頭、魚骨剁開成數段。

7 蔥白切段、蔥花切絲,切6~7 片薑片備用。

8 用深湯鍋先把魚頭魚骨兩面煎香,要煎到變色有香氣(台語說的「恰恰」的程度)。

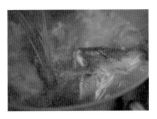

9 沖入滾燙水,以中火繼續熬煮,湯頭會乳化變白,撈出浮末。

10 放入蔥白、薑片和倒入100ml 的清酒,以少許胡椒和鹽調味,中小火再煮 15 分鐘後轉到最小火,放入切片的魚肉泡熟。

11 撒上蔥花即完成。

鮮蝦粉絲煲

詳細影片
看這裡！

材料

芹菜	2~3 株	豆瓣醬	10~12 克
青蔥	2 支	薑泥	10 克
蝦頭	10~12 隻	蒜末	5~10 克
白蝦（或草蝦）	6~8 隻	冬粉	2 把
乾干貝	6 小顆		
紹興酒	2 大匙		
熱水	600~700ml		

POINT!

塔塔幫你 畫重點

Ⅰ 如果沒有準備干貝，可以用新鮮蛤蜊代替。

Ⅱ 沒有豆瓣醬或者想做不辣版，也可以用醬油跟蠔油代替，但是風味會不同。

作法

1 干貝清洗乾淨，泡紹興酒去腥、提味。將芹菜跟蔥切成段狀，蔥白和芹菜段以搥肉棒敲一下，釋放出香氣。

2 準備 10~12 隻的蝦頭，先解凍備用。

3 替蝦子去除腸泥。

4 拭乾蝦頭表面水分，將蝦頭放入冷鍋中，加入 2 大匙的油，開中火慢慢煸出蝦膏。

5 等到蝦頭差不多轉紅，蝦膏都擠出來後，放入蝦子，兩面煎到 8 分熟左右，先取出備用。

6 蝦頭繼續留在鍋裡，先轉小火，放入豆瓣醬、蒜末、薑泥，拌炒出蝦紅油。

7 將蔥段、芹菜段放入鍋中翻炒出香氣，並且熗入一點泡干貝的紹興酒。

8 接著將熱水緩緩倒入鍋中，放干貝和 1 匙糖提鮮，繼續以中小火熬煮 15 分鐘。

9 等到高湯都熬好了，就可以把蝦頭、蔥段、芹菜段都取出來。

10 先將火轉小，放入 2 把冬粉慢慢煨煮，直到冬粉吸收掉所有的高湯（如火太大，高湯太快燒乾，冬粉會沒煮透）。

11 起鍋前保留一點湯汁，然後撒點芹菜葉、蔥綠拌一下。

12 準備小砂鍋，開中火加熱 1 分鐘，放入蔥段跟芹菜段，將煮好的冬粉全放入鍋中，再把煎好的蝦子擺上面即可。

三菇蛤蜊炊飯

詳細影片看這裡！

📤 材料

白米	2 杯	蛤蜊	600 克
（1 杯米約 60 克）		清酒	250ml
雪白菇	1 包	水	100ml
鴻喜菇	1 包	嫩薑	數片（切絲）
舞菇	1/2~1 包	蔥花	適量
牛番茄	2 顆	白芝麻	少許
（每顆約 250 克）			

塔塔幫你
畫重點

POINT!

Ⅰ 我用的是赤嘴蛤蜊,其他品種蛤蜊也可以。

Ⅱ 蛤蜊高湯可試一下味道,如不夠鹹可以補點鹽巴。

Ⅲ 這道炊飯也可以用電子鍋來做。建議白米先泡水 20~30 分鐘,米粒吸飽水吃起來更飽水。

作法

1 將清酒與薑絲放入鍋中,加水 100ml 煮至沸騰,放入蛤蜊,大火煮到蛤蜊開口即可熄火。

2 過濾出蛤蜊湯汁(可隔冰水幫助高湯降溫)。並將蛤蜊肉取出備用。

3 將洗淨的白米放入另外的鍋裡,淋上 1 大匙橄欖油,倒入 300ml 放涼的蛤蜊高湯。

4 三種菇切蒂頭、剝小朵(不用洗),牛番茄表面畫十字並去掉蒂頭,皆鋪上步驟 3 的白米。

5 蓋上鍋蓋,以中火煮到沸騰後轉小火煮 9 分鐘,關火再燜 15 分鐘。(等待時可將蛤蜊肉取出)

6 起鍋後用飯匙將牛番茄弄碎、拌入飯中,上層鋪上蛤蜊肉與蔥花、白芝麻,完成。

藜麥鮭魚蛋炒飯

詳細影片
看這裡
！

材料

新鮮鮭魚	300 克
清酒（米酒）	適量
洋蔥	1 顆
蒜末	3~4 瓣
雞蛋	2 顆
青蔥	適量
毛豆仁	200 克
檸檬汁	適量

POINT!

塔塔幫你
畫重點

如何煮出好吃的藜麥飯？

準備可以密封的容器，將藜麥放入加水封蓋後搖晃徹底清洗，濾乾後泡水 30 分鐘以上。白米就跟一般洗法相同，洗 3 次泡水 30 分鐘。我用 300 克的白米加 30 克的藜麥，水量抓 1：1，加入 1 小匙味醂跟橄欖油，炒飯前先盛盤散去多餘熱氣。

🥄 作法

1 準備新鮮鮭魚，清洗乾淨後，擦乾撒上鹽巴，稍微的按摩，撒上 1 大匙酒，先靜置 15 分鐘，可以去除魚的腥味。

2 接著洋蔥切丁、青蔥切花，蔥白及蔥綠分開。

3 雞蛋打成蛋液備用。

4 煮一鍋熱水加鹽，放入毛豆仁，豆子記得要煮透口感才不會生，撈起來沖涼水，可以預防變色。

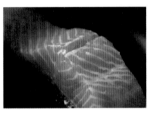

5 先把鍋子用中火燒熱後煎鮭魚，因鮭魚的油脂非常豐富，不需放任何油。大約 1 分鐘後即可翻面，另一面同樣煎 1 分鐘。

6 把煎到半熟的鮭魚取出來，用筷子把魚皮去掉。用叉子把魚肉散成小塊，靜置備用。

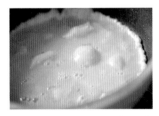

7 鍋子燒熱，利用鮭魚油來煎蛋可以增加香氣。

8 用筷子快速翻炒讓蛋成小碎塊，依序放入蔥白、洋蔥丁、蒜末炒香。

9 將藜麥飯倒入炒鍋輕輕拌炒，切忌大力壓飯、破壞米粒完整。

10 炒到飯粒都劈劈啪啪的時候，就可以放入鮭魚及毛豆仁，拌炒後撒點鹽、胡椒調味。

11 擠入少許黃檸檬汁，增加清爽口感，最後將蔥綠下鍋略翻炒，完成。

鮮蝦番茄藜麥燉飯

詳細影片
看這裡！

🐟 材料

紅椒	1/2 顆（70 克）	番茄醬（也可省略）	1~2 匙
中小型洋蔥	1 顆（150 克）	白酒	少許
小番茄	150 克	巴西里（或香菜）	少許
青豆仁	70 克	高湯	300ml
米	250 克		
三色藜麥	50 克		

🐟 高湯材料

鹽巴	適量
太白粉	適量
百里香	1 把
蒜末	2 瓣
橄欖油	適量
煙燻紅椒粉	5 克

白蝦	20 ~22 隻
雞翅	2 隻
洋蔥	1 顆（切塊）
大蒜	2 瓣
蘿潔塔綜合胡椒	適量
（見第 23 頁，或用黑胡椒）	
月桂葉	2~3 片

蝦腹足朝上從第三節開始剝殼,剝至尾端角度稍微偏移拉扯,即可將尾端的肉拔出。開背去腸泥,撒上太白粉抓勻後沖洗乾淨,置於網架上瀝乾後冷凍備用,吃起來口感較脆。

🥣 作法

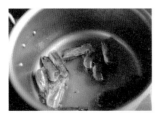

1　白蝦取蝦頭,蝦身先剝殼沖洗瀝乾,冷凍備用。冷鍋入橄欖油,開小火放入蝦頭爆香擠出蝦膏,撒入鹽和綜合胡椒。

2　關火,沖入約 400ml 熱水後再開火,放入切塊洋蔥、壓扁蒜頭、月桂葉、雞翅、綜合胡椒。

3　開火煮滾後轉小火,加蓋燜煮 25 分後過濾食材取湯汁放涼。取出高湯中的雞翅,去骨備用。

4　新鮮百里香用繩子綁成一束、紅椒切長條狀、洋蔥切細丁狀、小番茄對切、青豆仁洗乾淨、蒜切末備用。

5　白米加入三色藜麥 50 克,順時鐘方向輕輕淘洗 3 次,瀝乾備用。

6　炒鍋倒入橄欖油,熱鍋後放入蝦肉兩面翻煎,撒上鹽、胡椒調味,翻炒約 8~9 分熟起鍋備用。

7　原炒鍋放入洋蔥細丁、蒜末拌炒至軟化。放入百里香束、紅椒、小番茄,小火炒出香氣。

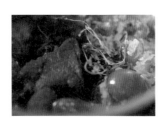

8　接著加入煙燻紅椒粉、番茄醬拌炒,撒一點鹽及綜合胡椒調味。

9　水分炒到略乾的狀態,加一點白酒刮起鍋底的精華,炒到糊狀即可關火。

10　放入瀝乾的米跟藜麥拌均勻。倒入放涼的蝦高湯 300ml 再次開火,放入部分青豆仁。

11　放入雞翅肉一起燉煮攪拌,水滾加蓋轉最小火燉煮 15 分鐘,再關火燜 15 分鐘。

12　另起滾水汆燙剩下的青豆仁約 2 分鐘,燜好的燉飯開蓋鬆飯,放入蝦仁拌勻,取出香草束,撒上青豆仁,放入巴西里即可。

西班牙海鮮燉飯

🐟 材料

西班牙燉飯米	300 克
（或義大利燉飯米）	
海鮮高湯	750ml
（約米重量的 2~2.5 倍）	
白蝦	12 隻
透抽	1 隻（約 250 克）
去骨雞腿肉	1 隻
青豆仁	100 克
蟹腳	8 隻
洋蔥	150 克
大蒜	35 克（切末）
彩椒	80 克（切丁）
牛番茄	1 顆
（去籽切丁，約 100 克）	
辣椒	半條
白酒	50ml
檸檬	1 顆
新鮮巴西里葉	適量

🐟 醬汁

番茄糊	50 克
西班牙煙燻紅椒粉	5 克
薑黃粉	3 克
番紅花	適量
新鮮香草束	適量

🐟 海鮮高湯

雞翅蔬菜高湯（西式）	1,000ml
（作法請見第 27 頁）	
蛤蜊	1 斤
白酒	100ml
月桂葉	2 片

詳細看這裡！

POINT!

塔塔幫你畫重點

Ⅰ 蝦頭爆香時要煸到有點焦脆，用鏟子擠出蝦膏，滿屋皆香。

Ⅱ 台灣蓬萊米吸水性強，水量沒有控制好很容易太軟，用西班牙米（bomba）來做會更有成就感。高湯不能省，而且記得要用熱的高湯燉煮，否則不會好吃。

Ⅲ 番紅花價格高，但一次用量只要一點點，用薑黃粉也可煮出黃色米飯，但少了香氣。

🥄 作法

1 洋蔥切丁，大蒜切末，彩椒切丁，牛番茄去籽切丁，辣椒切片備用。

2 蝦子去頭，蝦身從中間剪開、去腸泥，透抽切條狀。雞腿用黑胡椒、鹽、迷迭香塗抹均勻，醃一晚後切塊。

3 做海鮮高湯：雞翅高湯加入月桂葉煮滾，轉小火再煮15分鐘，放入蛤蜊，倒100ml白酒轉中大火，略滾後關火即成高湯。

4 另起一鍋，熱鍋後倒入橄欖油，雞腿肉煎至兩面焦香，取出備用。

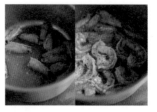

5 轉小火，放入蝦頭煸香，用鏟子擠出蝦膏；放入蝦肉煎至7分熟取出備用。

6 放入洋蔥末炒到半透明狀，加入蒜頭、辣椒、彩椒、番茄丁，炒到水分減少，熗入50ml白酒，刮融鍋底焦化物。

7 蔬菜攤一邊，放入透抽炒至半熟取出備用。加入新鮮香草束、番茄糊、煙燻紅椒粉、薑黃粉，炒至醬料基底完全混合。

8 把雞肉放回鍋中拌炒，倒入燉飯米（西班牙或義大利燉飯專用米不必洗），全部混勻，倒入加熱過的海鮮高湯750ml。

9 不必加蓋，沸騰後放入一小撮番紅花，讓蒸氣逼出番紅花香氣。蓋上蓋子，轉中小火燉煮28~30分鐘。

10 等煮到水分少一半，加入青豆仁、蟹腳；大約到28分鐘，放入炒過的透抽、蝦肉和蛤蜊肉。

11 加蓋再煮2分鐘後關火，燜10~15分直到米粒全熟。起鍋可以撒上新鮮百里香，擠上一點檸檬汁，完成。

海瓜子番茄義大利麵

詳細看這片裡影！

◀🍳 材料

材料	份量
冷壓橄欖油	適量
義大利麵（1 人份）	110 克
海瓜子（吐好沙後瀝乾）	200 克
小番茄	200 克
蒜末	2 大瓣
乾辣椒	1/2 條（可省略）
白葡萄酒（或清酒）	蓋到海瓜子的一半
九層塔	1 小把
鹽巴	適量
黑胡椒	適量
新鮮百里香（裝飾用）	少許
風味橄欖油	1~1.5 匙

POINT!

塔塔幫你
畫重點

I 煮義大利麵的鹽量,約水量的 0.5%。

II 我加了佛手柑風味的橄欖油,和海瓜子的味道
意外很合唷!

III 蒜末不要切太細,以免太快燒焦。

IV 步驟 6 加入橄欖油乳化,不能省略喔!

魚鮮海味 當主角

🍳 作法

1 起一鍋水,加入適量的鹽巴,水滾後下義大利麵。照包裝指示烹煮時間再減2分。

2 另一鍋冷鍋放入大蒜末與辣椒,開中火,慢慢煸出蒜香。

3 放入海瓜子跟小番茄,倒入清酒,量約可蓋到海瓜子的一半。加蓋煮沸,讓海瓜子開口,過程中可以舉起鍋子順時鐘方向搖晃,幫助海瓜子開口。

4 海瓜子一開口,立刻取出備用。剩下的小番茄繼續留在鍋中烹煮,加蓋約煮 3~4 分鐘,直到番茄軟化即可。

5 義大利麵煮好後撈起,直接放入步驟4的平底鍋,讓麵條吸收鍋中的醬汁,鍋底醬汁不能煮乾。

6 加入風味冷壓橄欖油幫助乳化,最後放入九層塔迅速攪拌。

7 放回海瓜子拌勻,關火,起鍋前撒上黑胡椒提味。

8 盛盤後撒上新鮮的百里香、黑胡椒。

番茄海鮮義大利麵

詳細影片看這裡！

📹 材料

小番茄	200 克	吸管麵（2 人份）	180 克
牛番茄	200 克	煮麵水（白酒）	100ml
蒜頭	4~5 瓣	蛤蜊	300 克
蝦子	10 尾	百里香葉	適量
帕瑪森乾酪（乳酪絲）	20 克		
橄欖油	適量		

POINT!

塔塔幫你
畫重點

如何處理西餐中的去頭帶殼蝦？

處理蝦子，我會先剪掉鬍鬚，連同前端尖銳的地方，這樣才不會
傷害到鍋子，剝蝦殼的時候，從中間第三節的地方開始剝，尾巴
的地方要有點耐心，稍微轉一下，輕輕拉扯就可以脫殼了，再把
蝦子放在砧板上開背去除腸泥。

魚鮮海味 當主角

作法

1 番茄去蒂頭，對切，去籽
切丁備用。蒜頭切成片備用。

2 熱鍋 1 分鐘再入油，油多
一點有助煎出蝦膏。以中小
火雙面煎並撒上鹽、黑胡椒，
讓蝦肉沾附蝦膏的味道，會
更好吃。取出後蓋上鋁箔紙
備用。

3 煎過蝦的油鍋放入蒜片跟
乾辣椒，再補一些橄欖油，
小火焙出蒜香。

4 放入小番茄炒至表面軟
化，加入牛番茄丁，並以鹽
及黑胡椒調味，繼續把醬汁
煮出來。

5 另起一鍋熱水加鹽，開始
煮義大利麵，按包裝指示時
間再減 2 分鐘。

6 等番茄醬汁煮至濃稠，加
一點煮麵水或白酒 100ml，
將吐好沙的蛤蜊放進去煮，
蓋上蓋子會比較快開口，開
口後先將蛤蜊取出剝肉備
用。

7 續煮收汁，撒入帕瑪森起
司讓醬汁變稠。

8 加入煮好的義大利麵，和
醬汁同煮，補上一點黑胡椒，
淋點冷壓橄欖油幫助乳化。

9 攪拌到油跟醬汁完全融
合，義大利麵就會滑順又好
吃，擺盤放點百里香做裝飾，
完成。

151

家常海鮮粥

詳細影片
看這裡！

🍳 材料

米	約 100 克（兩人份）	薑絲	適量
水	1500ml	鹽巴	少許
蝦仁	4~6 尾	白胡椒	適量
透抽	1/2 尾	蔥花	適量
海瓜子	8 顆		
蚵仔	6 顆		

POINT!

塔塔幫你
畫重點

Ⅰ 配合煮粥，把透抽切稍微小塊一點，咀嚼起來大小適口、不會太累，也適合老人家和小朋友。

Ⅱ 老薑不用去皮，刷乾淨即可切絲。

Ⅲ 煮粥前，米粒可以加點熱水一起煮，更快變軟。喜歡味道更濃，可改用大骨高湯取代水來煮。

作法

1 先清洗白米兩次，不需要特別瀝乾，直接帶著一些水分倒進保鮮盒或塑膠袋，放進冷凍庫約 2 小時，如果時間充足到 4 小時更佳。

2 將冷凍過的米放入鍋中，加入 1:15 的水（約 1500ml），放入薑絲以中火烹煮。

3 滾粥的火不要太大才不會容易噗鍋，約 5 分鐘後就會開始黏稠，10 分鐘左右即可，亦可視個人口感而定。

4 將透抽斜切成小塊，蝦子洗淨去腸泥備用。

5 白粥煮至喜歡的口感就轉中小火，放入剝好殼的蝦仁、透抽，攪拌使其受熱均勻，用小火燜，海鮮口感才會嫩。

6 放入海瓜子，待開口後即可放入蚵仔略煮至半熟，放鹽巴調整鹹淡。

7 先將兩顆雞蛋打散，以叉子貼近碗緣，有如細柱般慢慢倒入，待蛋液在鍋中稍微泡熟再以鍋鏟撥動，即成蟬翼狀蛋花。

8 起鍋前加入白胡椒與蔥花增味，完成。

04
想吃牛肉的時候

很多人愛吃牛肉但不常在家料理，

因為牛肉部位的挑選、要不要先醃過、要不要撒麵粉再煎等，

學問很多呢！

本篇料理都是塔塔經過多次嘗試，試出最好吃又適合家常料理的作法，

讓大家在家也能享用美味牛肉大餐。

紅油金錢肚

詳細影片
看這裡！

🐟 材料（A）

牛肚	2 副
鹽巴	10 克
糖	10 克
醬油	30ml

🐟 去腥香料 （B）

花椒	適量
白胡椒	適量
薑片	2 片
青蔥	1 支
米酒	適量

🐟 紅油醬汁（C）

糖	1 大匙
白芝麻油	少許
醬油	1 大匙
紅油	2 大匙

🐟 滷金錢肚香料（D）

水	1800ml
高粱	50ml
（威士忌也可以）	
薑片	6 片
青蔥	1~2 支

茴香籽	20 克
（Fennel）	
白胡椒	10 克
白豆蔻	5 克
花椒	10 克
草果	1 顆
肉豆蔻	1 顆
桂皮	1-2 克
桂枝	10 克
八角	2 顆

POINT!

塔塔幫你畫重點

Ⅰ 牛肚要清洗乾淨,內裡翻出將多餘的油脂、髒污處剪掉。

Ⅱ 牛肚取出後的湯料,將剩下的香料撈乾淨,再加水稀釋,補一點鹽、粗磨胡椒,中火滾 8~10 分鐘就是很好喝的高湯底,可將高湯放冰箱冷凍或冷藏保存。

🥣 作法

1 草果與肉豆蔻要先敲破,香味才會整個釋放出來。

2 大鍋放 2 片薑、1 支蔥、少許花椒、白胡椒、米酒等去腥香料(B)。

3 放入清洗過的牛肚,由冷水開始煮,水滾後再煮 2 分鐘,將牛肚取出沖洗。

4 另準備壓力鍋倒入 1800ml 水,加入滷味香料(D)。

5 再放入牛肚,加鹽、糖各 10 克、醬油30ml(也可不加,但煮出來的牛肚顏色較白),從冷水煮至沸騰,續煮 3~5 分鐘讓酒氣揮發、香料的香氣釋放出來。

6 蓋上壓力鍋蓋,壓力閥上來後轉小火煮 5~10 分鐘。依照自己的壓力鍋品牌調整時間。

7 牛肚取出放涼,切對半後再切片。

8 另調一碗紅油醬汁,(作法參看 214 頁)加入糖、芝麻油、紅油、醬油調成醬汁。

9 將醬汁淋上切好盛盤的牛肚,撒上蔥花裝飾。完成。

清燉牛肉湯

詳細影片看這裡！

◀ 材料（A）

牛腱心	1~2 條
牛肚	1 片
雞翅	4 隻
（或雞骨架 1 副）	
白蘿蔔	1 條
紅蘿蔔	1 條
洋蔥	1 顆
米酒	100ml
（或威士忌 30ml）	
清水	2000ml
鹽巴	10 克
糖	10 克
牛番茄	2~3 顆

◀ 燉牛肉香料（B）

薑片	6 片
青蔥	2 支
辣椒	1 條
黑胡椒	10 克
花椒	10 克
（加強版可以多加以下香料）	
白胡椒	10 克
茴香籽	20 克（Fennel）
八角	2~3 個
桂皮	2 克
草果	1 顆
肉豆蔻	1 顆

◀ 汆燙用香料（C）

青蔥	1 支
薑片	3 片
花椒	1 小撮
胡椒	1 小撮

POINT!

塔塔幫你
畫重點

I 蘿蔔可刨掉三層皮比較好入味,削掉的皮可另外熬湯用。

II 用壓力鍋可省時,但最後開蓋煮,讓高湯跟空氣接觸對流,味道更好。

作法

1 草果、肉豆蔻用錘子敲破釋放香氣。

2 將八角、桂皮之外的燉牛肉香料(B)放到滷包中束口。

3 一鍋冷水放入青蔥 1 支、薑片 3 片、花椒 1 小撮、胡椒 1 小撮、雞翅、牛肚與牛腱,煮到沸騰產生浮沫,即可將雞翅、牛腱跟牛肚取出,牛肚以冷水沖洗乾淨。

4 將蘿蔔削掉 2~3 層的外皮後輪切,紅蘿蔔滾刀切,洋蔥 1 顆去皮對切備用。

5 將所有的食材與香料(B)放入壓力鍋中,加蓋開火煮到壓力閥上來,轉小火續煮 10~15 分鐘關火。(依照壓力鍋品牌調整時間。)

6 等洩壓後打開壓力鍋蓋,取出雞翅、紅白蘿蔔。

7 加入 2~3 顆牛番茄,開中火重新煮滾 25~30 分鐘,直到牛腱可以筷子戳入。

8 將煮好的牛腱跟牛肚取出放涼後切片,將牛肉湯過濾掉雜質。

9 將紅、白蘿蔔放回碗中,加入牛肉湯、切片牛腱,撒上蔥花就是一碗美味清燉的牛肉湯了,順手煮點手工麵條放入,即成清燉牛肉麵。

紅酒燉牛肉

詳細影片
看這裡！

材料

牛肋條	600 克	雞翅蔬菜高湯	200ml
培根	1 片	（作法請見第 27 頁，或用市售高湯）	
洋蔥	1 大顆或 2	新鮮百里香、迷迭香	各 1 小株
小顆		（用乾燥的亦可）	
大蒜	50 克	西班牙煙燻紅椒粉	適量
紅蘿蔔	1 條	月桂葉	2~3 片
洋菇	2 盒	辣椒	1 條（可省略）
番茄糊	50 克	巴西里碎	適量（可省略）
紅酒	300ml		
低筋麵粉	適量		

Ⅰ 我選用的是美國冷藏牛肋條，油脂足，如使用牛頸肉、肩肉，就要沾麵粉再煎以保持口感。另外如果買不到好吃的培根，就不要加了，以免影響味道。

Ⅱ 不要買很貴的紅酒，不甜、順口即可。不喜歡有微微酸味的話，可加點糖中和味道。

Ⅲ 用番茄糊，不要用新鮮番茄，因為番茄出水會稀釋紅酒的味道。當然也可以自己煮番茄糊，多煮一點分裝冷凍很好用。

🥄 作法

1 牛肉不要洗，把表面血水擦掉。太肥的地方切除掉，肉可切大塊些，因為煮過肉會縮。撒點鹽和黑胡椒抓一下，靜置 30 分鐘（也可前一天先調味）。

2 洋蔥切成細丁，大蒜粗略切一下，紅蘿蔔削皮後切成不規則塊狀。新鮮的百里香、迷迭香用棉繩綁起來。

3 培根切成大片，熱鍋入點油，把培根煎出焦香就可先取出備用。

4 同鍋放入牛肉，不要翻動，煎到一面焦香，撒點黑胡椒。等各面變色，丟入小塊奶油稍微拌炒，取出備用。

5 接著下洋蔥炒香，炒到半透明狀，加入蒜末、香草束。再撒點鹽巴、黑胡椒調味。

6 把牛肉連肉汁一起倒回鍋裡和洋蔥拌炒，加西班牙煙燻紅椒粉、紅蘿蔔塊、月桂葉、番茄糊拌炒。

7 放回剛剛的培根，倒入300ml 的紅酒。此時加 1 條辣椒味道更棒（可省略）。

8 加入高湯，煮沸 3 分鐘讓酒氣揮發，加蓋轉小火燉煮35~40 分鐘就可關火，靜置到隔天（夏天等降溫後請放冰箱）。從冰箱取出後先放回室溫再加熱，煮滾後轉小火燉 15~20 分。

9 洋菇用濕廚房紙巾擦乾淨（可以不水洗），每朵切掉蒂頭後切成 4 小塊。

10 冷鍋放入洋菇，開中小火乾煎直到出水、散發香氣，撒鹽、黑胡椒。

11 洋菇放 1 小塊奶油，用濾網篩入一些低筋麵粉，炒勻（可讓湯底帶有稠感）。

12 把洋菇通通放進煮得差不多的牛肉鍋中拌勻，起鍋前再加點黑胡椒。盛盤後可撒點巴西里碎片點綴。

韓式部隊鍋

◀ 高湯材料（A）

雞骨（也可使用牛骨）	2 副
紅蘿蔔（切丁）	1 小條
洋蔥（切絲）	1 顆
西洋芹（切丁）	2 根
大蒜	2~3 瓣
青蔥（切段）	2 支
月桂葉	2 片
白胡椒粒	適量
水	1800ml
清酒（或米酒）	少許

◀ 辣醬鍋底（B）

韓式辣醬	10 克
韓式乾辣椒粉	5 克
鹽巴	1~2 克
醬油	1 大匙
白胡椒粉	1 克
蒜泥、薑泥	適量
糖	15 克

◀ 部隊鍋材料（C）

牛番茄	1 顆
蒜苗	1 支
洋蔥	1/2 顆
雪白菇	1/2 包
（或任何喜歡的菇）	
熱狗	2 根
韓式年糕	80~100 克
蛤蜊	300 克
嫩豆腐	1/2 盒
牛絞肉（牛肉片也可）	約 100 克
燉豆子（可省略）	適量
泡菜	約 100 克
韓國泡麵	1 片
起司	1 片
雞蛋	2 顆

詳細影片看這裡！

POINT!

塔塔幫你
畫重點

| 乾辣椒粉使用粗磨顆粒，不會辣，但可創造色澤和香氣。

|| 不喜歡絞肉可以改牛肉片，高湯可以用市售的。

🥄 作法

1 雞骨先以溫水沖洗並浸泡釋放血水，熬湯比較乾淨。

2 使用大一點的鍋子熬高湯，放入所有的高湯材料（A），加入水及少許清酒開火煮滾。

3 煮滾後撈出表面浮沫，維持小滾的狀態，大約煮25~30分鐘左右。

4 高湯煮好後過濾出湯汁，加蓋保溫。

5 準備部隊鍋材料（C），將牛番茄切除蒂頭後切塊狀，蒜苗斜切，洋蔥切絲，雪白菇剝小朵，熱狗斜切片狀，豆腐切片狀。

6 準備部隊鍋湯底醬料，將所有材料（B）混合均勻，加一點酒或水拌開。

7 把洋蔥絲鋪底，擺上番茄、熱狗、雪白菇、豆腐、蛤蜊、韓式年糕、蒜苗、牛絞肉、燉豆子、泡菜。

8 倒入步驟6的醬料。放點蒜苗，倒入雞骨高湯，開火滾煮。

9 放上韓國香Q泡麵上覆一片起司，打入2顆雞蛋，韓式部隊鍋就完成了。

羅宋湯（牛肉蔬菜湯）

詳細影片看這裡！

🍴 材料

紅蘿蔔	200 克	辣椒	1 條
西洋芹	200 克	蒜頭	約 50 克
洋蔥	2 顆（約 400 克）	牛肋條	600 克
馬鈴薯	200~400 克	牛筋	300 克（可省略）
（隨個人喜好）		雞骨蔬菜高湯	600ml
牛番茄	3~4 顆	番茄糊	50 克
高麗菜	200 克	月桂葉	2~3 片
（約 1/4 顆）		新鮮迷迭香	適量

POINT!

塔塔幫你
畫重點

｜ 迷迭香可用義大利綜合香料取代。

｜ 喝羅宋湯時可準備一些法國麵包，非常搭配。

🥄 作法

1 紅蘿蔔切丁，西洋芹先刨去粗絲再切丁，洋蔥切丁。

2 馬鈴薯去皮後切滾刀塊，牛番茄切大塊，高麗菜隨意切，辣椒切丁，蒜頭拍裂備用。

3 牛肋條切塊，牛筋切片狀。

4 熱鍋 2 分鐘，不放油直接煎牛肋條塊，加少許鹽、黑胡椒調味，煎 2~3 分鐘變焦香即可翻炒，待兩面都焦香放入牛筋翻炒，表面轉白即可取出備用。

5 原鍋補少許橄欖油，放洋蔥丁拌炒，炒到微黃為止。放入紅蘿蔔丁、蒜頭拌炒，續放西洋芹、辣椒。以鹽、黑胡椒、新鮮的迷迭香調味，熗入少許白酒。

6 蔬菜炒軟後放入番茄，續炒至番茄軟化放入馬鈴薯拌炒。炒好的蔬菜放入壓力鍋加上牛肉拌炒均勻。

7 放 2、3 片月桂葉上覆高麗菜，沖入雞骨蔬菜高湯，適量番茄糊增加湯色。煮滾後蓋上壓力鍋蓋燉煮，如使用鑄鐵鍋大約要燉煮 50 分鐘。

8 壓力閥上升到指示位置時轉小火續煮 2 分鐘再關火（喜歡口感彈牙者煮 1 分鐘即可），完全洩壓後開蓋。（依照壓力鍋品牌調整時間。）

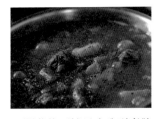

9 開蓋後可補足水分到喜歡的濃度。重新開火煮滾 2~3 分鐘，讓味道融合，此步驟千萬不能省略。加鹽、糖做最後調味即可。

經典日式咖哩牛

詳細影片
看這裡！

🔖 材料

牛肋條	700 克	洋蔥	300 克
（去完油脂）		蒜末	35 克
鹽巴	適量	咖哩塊	1 小盒
黑胡椒	適量	75% 黑巧克力	20 克
乾辣椒	2~3 條（切段）	綜合咖哩粉	10 克
馬鈴薯	300 克	西班牙煙燻紅椒粉	3 克（不會辣）
紅蘿蔔	150 克	鳳梨	2 小塊

POINT!

塔塔幫你畫重點

我不會單純的使用咖哩塊來製作，通常會搭配其他咖哩粉跟香料來補強風味，這次加了祕密武器黑巧克力，讓牛肉咖哩更加美味！巧克力可以增添風味，但不宜過多。

作法

1 牛肋條不需清洗，用廚紙擦拭掉表面血水，肥油切下另外備用，肉切成等量大小，撒上鹽、黑胡椒抓醃 20 分鐘。

2 馬鈴薯去皮滾刀切，放入冷水浸泡避免變黑氧化。紅蘿蔔滾刀切塊，大小比馬鈴薯略小，份量和馬鈴薯 1:1。

3 洋蔥切絲，大蒜壓扁去皮切末後秤重約 35 克備用。

4 咖哩塊沖入熱水攪拌至溶解，避免下鍋不好拌開。

5 用切下的牛油煸出油脂，放入牛肋條塊煎出焦香，煎好一面再翻，直到每一面都變褐色即可取出，以保持肉的嫩度。

6 原煎鍋放入洋蔥絲炒香，加入黑胡椒，炒到半透明加入紅蘿蔔、蒜末，最後放入馬鈴薯、綜合咖哩粉、煙燻紅椒粉、辣椒，拌炒均勻。

7 將牛肉塊放回鍋中拌炒，倒入溶解好的咖哩醬，並加入熱水蓋過食材，可加入 2 塊鳳梨加速牛肉軟化。

8 加入巧克力，轉中火，滾開後轉小火。加蓋燉煮 30~40 分鐘。

9 時間到了關火，再燜 2~4 小時，重新開火煮滾試味，不足可調整鹹味，續煮到個人喜好的濃稠度即可關火。

05

蔬菜和蛋料理的食尚

蔬食、雞蛋都是再平凡不過、卻很重要的食材，如果你覺得不管怎麼炒、燙、煮，味道就是很相似、很無趣，一定要看看這篇，就算是平常的番茄炒蛋，也要炒得特別香，是連無肉不歡的人也會喜歡的料理方式。

日式三色丼

詳細影片
看這裡！

🔖 材料

雞胸肉（絞肉）	250~270 克
雞蛋	2 顆
四季豆	60 克
蒜頭	2 瓣
牛奶	20ml
鹽巴	少許

🔖 炒絞肉醬汁

醬油	1 大匙
味醂	1 大匙
水	1 大匙
糖	10 克
味噌	10 克

POINT!

塔塔幫你
畫重點

I 四季豆未煮熟前含有「毒蛋白凝集素」和「皂素」，生食易引起食物中毒。

II 將汆燙好的四季豆放入冰水中降溫，可保持翠綠的顏色，花椰菜也可以同樣方式處理。

🥣 作法

1 四季豆兩端折口，去粗絲備用。

2 可以用食物調理機將雞胸肉打成絞肉，或是買現成的豬絞肉。

3 將 2 顆雞蛋打成蛋液，加點鹽調味，加入 20ml 鮮奶一起打勻。

4 醬油、味醂、水和糖調成醬汁，將 10 克的味噌融入攪拌均勻。

5 蒜頭 2 瓣切成蒜末。

6 起油鍋，燒熱後放入蛋液，用筷子以順時針方向不停攪拌。

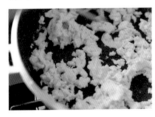

7 以中小火慢炒出蛋塊，即可起鍋盛盤備用。

8 熱鍋入油放入雞絞肉，用中火炒至變色。肉色轉白時放入蒜末拌炒，淋入調好的醬汁，以中小火續炒撥散。

9 火轉稍大，收汁到鍋底沒有多餘的湯汁，即可盛起。

10 另起一鍋熱水放入 1 小匙鹽巴，水滾後放入四季豆汆燙 3~4 分鐘，將燙好的四季豆放入冰水中降溫。

11 降溫好的四季豆以刀斜切成菱形。

12 將 3 道菜分 3 區鋪在飯上，便當就會呈現三種不同的顏色，漂亮又簡單。

水蒸式半熟蛋＋溏心蛋

詳細影片看這裡！

🐟 材料

水	200ml
雞蛋	數顆
市售柴魚高湯粉	1 包
熱水	300ml
三溫糖	1 小匙
味醂	50ml
醬油	50ml
清酒	50ml

POINT!

塔塔幫你
畫重點

Ⅰ 建議使用有深度、材質厚實的平底鍋或鑄鐵鍋來煮蛋，只要用少量的水就可以蒸煮。

Ⅱ 將半熟蛋浸泡醬汁入味，就成了美味可口的溏心蛋。剛煮好的半熟蛋切開來蛋黃會流汁，可先冷藏 1 小時讓蛋黃凝固。

Ⅲ 切半熟蛋時不建議用刀子切，易沾黏，可以用乾淨的牙線或縫衣線來切。

🥣 作法

1 100ml 水倒入平底鍋，放入冷藏雞蛋數顆（建議包裝日期 10 天內的牧場雞蛋）。

2 蓋上鍋蓋開中大火。約 2 分鐘水起泡沸騰，轉中小火煮 6 分（以 60 克重冰雞蛋為例，時間增減可視雞蛋大小調整）。

3 關火取出雞蛋，小心燙。如果想吃全熟蛋，關火後續燜 10 分鐘。

4 將蛋丟入冰水中降溫 3~5 分鐘，可稍用力撞擊敲出裂痕。

5 剝殼前先敲兩頭的氣室再敲側邊蛋殼，會比較好剝。

6 柴魚高湯包放入 300ml 熱水以小火煮 5 分鐘，再加蓋關火燜 15 分鐘。

7 取用 200ml 的高湯，加入三溫糖、味醂、醬油、清酒，小火煮到糖溶化、鍋邊起泡，關火放涼。

8 將半熟蛋放入醬汁浸泡，放冰箱冷藏 10 小時，靜置入味。

9 取出浸泡一夜的溏心蛋，要吃之前用線切開，就不會沾黏蛋黃汁。

紅蘿蔔烘蛋

詳細影片
看這裡！

🍴 材料

薑末	適量
蒜末	30 克
青蔥	4~5 株
紅蘿蔔	200 克
蛋	5 顆
鹽巴	少許
胡椒粉	少許
醬油	少許

塔塔幫你
畫重點

Ⅰ可使用適用烤箱的全金屬平底鍋，步驟 7 可放入烤箱烤熟，更方便。

Ⅱ如果能用三星蔥來做是最美味的。調味的鹽巴不要放太多，盛盤後記得淋一點醬油，可大大提味！

🥣 作法

1 薑切成末，蒜切成末，青蔥切蔥花、紅蘿蔔切絲備用。

2 將 5 顆雞蛋打散，加少許鹽及胡椒粉調味。

3 熱鍋入橄欖油，可混入一點芝麻油提香，薑末煸香，蒜末隨後下。

4 下紅蘿蔔絲炒軟，鑄鐵鍋內如果有鍋巴，加 1 小匙水刮融，再加少許鹽胡椒調味。

5 倒出熟透的紅蘿蔔，倒入蛋液裡，放入蔥花一起拌勻。

6 原鍋再放油，大火升溫到 160 度左右，可滴入少許蛋液確認鍋溫。

7 倒入所有蛋液鋪平，轉小小火慢慢煎熟（若有烤箱可於此時以 180 度烤 15~17 分鐘）。

8 表面蓋一張鋁箔紙可加速表面蛋液凝結。

9 煎到 8~9 分熟的狀態，用盤子將烘蛋倒扣過來，再放回鍋中。

10 另一面續煎 2~3 分鐘，將烘蛋倒扣出鍋，輪狀切片，淋一點醬油更好吃。

番茄炒蛋

詳細影片看這裡！

🥄 材料

牛番茄	2 顆（250 克）
大型雞蛋	2 顆
全脂牛奶	**20ml**
青蔥	1 支
蒜末	2~3 瓣左右
糖	1 小匙
鹽巴	1 小匙
白胡椒	少許

POINT!

塔塔幫你
畫重點

Ⅰ 塔塔也做過創意版番茄炒蛋：用牛番茄＋黑柿番茄＋聖女小番茄混煮。牛番茄帶來風味，黑柿番茄帶有酸味，小番茄有甜味，三種一起煮可創造出層次。在步驟 5 要放番茄時，可先將小番茄單獨煮到糊化，再放牛番茄與黑柿番茄燜煮，作法可以看影片連結。

Ⅱ 如果不喜歡蒜味可以不用加蒜末。

Ⅲ 雞蛋和牛番茄的比例大約是 1:1，也就是 1 顆番茄就用 1 顆雞蛋。另外 1 顆雞蛋要加入 10ml 牛奶，2 顆就加入 20ml。

作法

1 番茄切大塊，青蔥切蔥花，蒜頭切末，將雞蛋打散並加入 20ml 的牛奶。

2 鍋中放油，微溫的時候將蛋液倒入。

3 用筷子或鏟子以順時鐘方向炒成半熟蛋塊，馬上關火。

4 取出蛋塊，將鍋子擦乾淨，補油，放入蒜末小火煸出蒜香。

5 加入切好的番茄塊，轉中小火把番茄煮軟，加入糖 1 小匙、鹽、白胡椒調味。

6 將蛋塊倒回到鍋中拌勻，撒上蔥花，完成。

番茄蛋花湯

詳細影片
看這裡！

🥄 材料

牛番茄	1 顆（250 克）
大型雞蛋	1 顆
青蔥	2~3 支
白胡椒	適量
鹽巴	適量

POINT!

塔塔幫你
畫重點

Ⅰ如喜歡濃郁口味，同樣的水量，番茄和雞蛋可以用
到各 2 顆。煮湯的番茄挑紅一點、軟硬適中的。

Ⅱ蔥白用於熬湯底，不用切太細，約 1.5cm 長即可；
蔥綠可切細一點。

🥄 作法

1 蔥白切段，蔥綠切細。

2 番茄去蒂頭切成 6 等分。

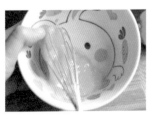

3 雞蛋打成蛋液備用。

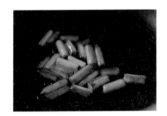

4 冷鍋入油，油稍多一些，
微溫時將蔥白下鍋以小火煸
出焦香。

5 番茄倒入鍋中，先煎 2~3
分鐘再以中小火翻炒，待番
茄加熱至糊狀，加一點鹽、
白胡椒調味。

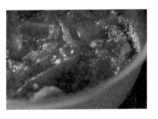

6 此時轉大火並沖入約
500~600ml 滾水，讓湯與番
茄融合充分乳化。

7 補一點白胡椒、鹽，煮 5~6
分鐘至湯色轉紅，將火轉小，
將蛋液沿著筷子、繞鍋邊轉
一圈緩緩淋入湯中。

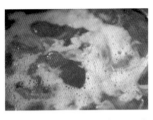

8 千萬不要攪動，等 1~2 分
鐘蛋凝固，再從鍋底輕輕撥
動，蛋塊會如雲朵般膨起，
口感會非常嫩。

9 關火前撒入所有蔥綠，完
成。

炒牛蒡紅蘿蔔絲（炒金平牛蒡）

詳細影片
看這裡！

材料

紅蘿蔔	1 條（約 100 克）
牛蒡	1/2 條約（250~300 克）
白芝麻油	適量
烘焙過的白芝麻	適量
醬油	1.5 大匙（20 克）
清酒	1.5 大匙（20 克）
味醂	1 大匙（15 克）
糖	1 匙

POINT!

塔塔幫你畫重點

如果用有甜味的風味味醂，可以不用加糖。

作法

1 將紅蘿蔔先切片後再切絲備用。

2 將牛蒡先切片後再切絲。

3 泡冷水換一次冷水，顏色就會變白。

4 將醬油、清酒、味醂、糖混合均勻備用。

5 熱鍋1分鐘，放入少許橄欖油和少許芝麻油，放入紅蘿蔔炒香。

6 紅蘿蔔變軟就可以加入牛蒡絲。

7 將牛蒡跟紅蘿蔔拌炒2分鐘，直到牛蒡絲半熟。

8 淋入醬汁，以中火拌炒入味。

9 炒到酒氣揮發、醬汁減少後，撒上芝麻粒。

10 淋上適量白芝麻油，即可關火盛盤。

酸辣土豆絲

詳細影片
看這裡
！

📢 材料

馬鈴薯	3 顆（約 350 克）
紅蘿蔔	40 克
青蔥	3~6 根
辣椒	適量
白胡椒粉	少許
鹽巴	少許
糖	少許
香醋	2~3 大匙

I 一開始清洗馬鈴薯要洗到水變清澈，炒好的馬鈴薯絲吃起來才會清脆爽口，也可加少許醋，口感更脆。

II 炒土豆絲的橄欖油也可換成白芝麻油，增加香氣。

塔塔幫你畫重點 POINT!

作法

1 馬鈴薯削皮，切薄片再切絲。

2 放入水中洗去多餘的澱粉質，直到水變清澈。

3 紅蘿蔔切細絲（也可不放），青蔥切段，蔥綠、蔥白分開。

4 紅蘿蔔切細絲（也可不放），青蔥切段，蔥綠、蔥白分開，少許辣椒去籽、切絲備用。

5 將泡好的馬鈴薯絲取出瀝乾，冷鍋放入蔥白和橄欖油，以中小火煸出蔥香，讓蔥白表面微焦即可。

6 這時放入紅蘿蔔絲炒軟；愛吃肉的人，此時也可換成肉絲。

7 馬鈴薯絲放入一起拌炒，加白胡椒粉、鹽、糖調味。

8 放辣椒絲、加點香醋翻炒，關火前把蔥綠放進來，如果喜歡酸一點，最後可再多補一點醋，即可盛盤。

滑蛋雙菇燴飯

詳細影片看這裡！

🥄 滑蛋材料

雞蛋	4 顆
太白粉	12 克
（可以用玉米澱粉或蓮藕粉取代）	
柴魚高湯（或水）	80ml
鹽巴	2 小撮

🥄 炒菇材料

雪白菇	1 包
鴻喜菇	1 包
鹽巴	少許

黑胡椒	少許
白芝麻油	少許
蔥花	適量
昆布柴魚高湯	700ml
（作法見第 25 頁，或改用水）	
清酒	15ml
味醂	15ml
醬油	15ml
蛤蜊（可省略）	適量
太白粉水（炒菇勾芡用）：	
太白粉	15 克
水	10ml

POINT!

塔塔幫你
畫重點

Ⅰ 炒滑蛋的太白粉水也可以用水替代柴魚高湯來調，只是難免欠一味。記得炒的時候半熟就熄火，只靠餘溫讓蛋汁凝固就好，口感會超滑嫩。

Ⅱ 這道滑蛋雙菇是兩種材料炒好才組合，可淋上白飯就組合成超下飯的燴飯。

蔬菜和蛋 的料理食尚

作法

1 雪白菇及鴻喜菇蒂頭切除，剝成小朵狀，同時將雞蛋打散。

2 柴魚高湯倒入太白粉中，加入2小撮鹽及少許糖拌勻，再倒入蛋液中攪拌。

3 冷鍋放橄欖油加熱1分鐘，下蛋液，小火慢炒，鏟子從自己的方向往前慢慢推，炒至半熟即可關火，用餘溫讓蛋凝固一些後起鍋。

4 冷鍋不放油焗菇類，開中小火慢慢加熱乾煎約3分鐘，發出吱吱聲時加入鹽、黑胡椒，翻炒至表面焦香。

5 淋入白芝麻油翻炒，加入一點蔥花（光這樣就是一道好吃的小菜）！

6 倒入柴魚高湯700ml，加入清酒、味醂、醬油和白胡椒調味。

7 煮滾後放入蛤蜊提鮮，蛤蜊開口時略煮讓鮮味融入湯中，撈出蛤蜊剝殼，將蛤蜊肉留在湯中。

8 將太白粉加水調勻，湯勺往前推撥湯底，一口氣倒入勾芡的太白粉水，攪拌至湯呈現濃稠狀。

9 盛盤時先滑蛋，再淋上滑菇，最後撒上一點蔥花，超級下飯的滑蛋雙菇燴飯就完成了！

煸炒干貝蘿蔔絲

📍 材料

蘿蔔絲	300 克
鹽巴	3.5 克左右（鹽分為蘿蔔的 1.2%）
糖	1 匙
辣椒	1/2 條（去籽）
蔥	1/2 支 ~1 支
乾干貝	15 克
米酒（或紹興）	適量
白芝麻油	適量

塔塔幫你
畫重點 POINT!

‖ 要讓干貝軟化、發揮提鮮效果,建議前一晚先泡入米酒或紹興(或至少泡一個上午至軟化),泡酒可以去腥增鮮。

‖ 素食者可以用香菇切絲取代干貝,乾香菇先用溫水(不要熱水)泡軟再切絲。

🥣 作法

1 干貝洗淨浸泡紹興約 30 小時。將辣椒斜切片,也可先泡溫水去辣椒籽降低辣味,蔥白切細、蔥綠切珠。

2 將蘿蔔削去兩層皮,橫躺逆紋切成 6~7cm 長度,直立切片狀,再順著蘿蔔紋路切成絲狀。

3 將蘿蔔絲撒上鹽巴抓醃 10~15 分鐘,讓蘿蔔出水軟化,再擠乾水分備用。

4 將泡開的干貝撕成絲狀備用。

5 平底鍋放入干貝絲與辣椒片,加入 1 大匙油以中小火煸出干貝香氣。

6 干貝表面焦香時加入蘿蔔絲拌炒均勻,以鹽巴、白胡椒、糖調味。

7 將浸泡干貝的酒熗入鍋中,略煮一下讓酒精揮發。

8 起鍋前撒上蔥花拌炒均勻,淋上白芝麻油,盛盤。

日式南瓜佃煮

詳細影片看這裡！

🍴 材料

栗子南瓜	1/3 顆約 600 克
白芝麻粒	少許
七味粉	少許

🍴 醬汁

柴魚高湯	70ml
味醂	1 大匙
醬油	1 大匙
清酒	1 大匙
三溫糖	1 小匙

POINT!

塔塔幫你畫重點

I 切南瓜時順著南瓜皮的紋路切，會更好切。

II 煮的時候火不要太大，避免燒乾醬汁。

🥄 作法

1 將柴魚高湯、味醂、醬油、清酒、三溫糖攪拌成醬汁。

2 南瓜去籽，切掉蒂頭，切成適量大小不必削皮。

3 將南瓜放入鍋中，皮向下。

4 醬汁倒入鍋中。

5 加蓋開火煮到沸騰轉中小火煮 8~10 分鐘，關火燜 10 分鐘。

6 開蓋取出南瓜，淋上鍋底的醬汁，撒上烘焙過的白芝麻和七味粉即可。

烤脆皮薯條

一起烤出成功的薯條吧！

1. 步驟 5 水滾後再煮 6 分鐘請自行拿捏，煮到半熟即可。水煮過的薯條內部飽水，但務必要把表面吹到乾，濕答答的薯條無法形成表皮，烤不出脆皮。

2. 烤不出脆皮感，還可能是因為：預熱不足（有些烤箱預熱 200 度需 20 分以上）；或粗細不一，務必要切成一樣大，以免生熟不一。

3. 第一次嘗試時多注意烤箱內的狀況，看到薯條變金黃色、帶點微焦即可。表面越脆，裡面水分越少，請自行斟酌喜歡的口感。

祝福大家都能成功！

詳細影片
看這裡！

🥄 **材料**

馬鈴薯（美國產）	適量
醋	適量
橄欖油	適量
鹽巴	適量
黑胡椒	適量

POINT!

塔塔幫你畫重點

| 台灣產的馬鈴薯雖然也很好吃，但質地鬆軟，做薯條較易斷。

|| 可多煮一些半熟的薯條，吹涼後一根根排好冷凍，等變硬時收集起來放塑膠袋冷凍保存。想吃時不用解凍，預熱烤箱到 210 度，裹上橄欖油烤約 28 分鐘。

🥄 作法

1 馬鈴薯削皮剔除牙眼，削完皮泡到水中預防變色。

2 切成大約手指寬度的條狀，沖洗去除澱粉。

3 換一盆乾淨清水浸泡 15 分，讓馬鈴薯釋出更多澱粉質。

4 在水裡加一點醋可讓馬鈴薯外表更白。

5 將馬鈴薯條放入冷水鍋，水滾後大約煮 6 分鐘至半熟，需不時撥動。

6 撈出放涼，讓馬鈴薯條表面風乾，以電風扇吹 30~40 分鐘。

7 風乾過程適時翻面，讓表皮完全乾爽，更容易烤出爽脆外皮。

8 烤盤鋪上一層鋁箔紙，放入烤箱預熱至攝氏 200 度。

9 薯條放入塑膠袋，淋入橄欖油後徹底搖晃充分沾油。

10 薯條倒入預熱好的烤盤，盡量鋪平整不要重疊，也不要一次烤太多，烤箱溫度會下降太快。

11 用 200 度先烤 15 分鐘；再調到 230 度加烤 5 分鐘，直到表面呈現金黃色。喜歡更酥脆就再烤久一點。

12 熱熱的薯條撒上一點鹽及黑胡椒調味就很好吃，也可搭配任何喜歡的調味料。

筍子炊飯

詳細影片看這裡！

POINT!

塔塔幫你畫重點

🍴 材料

綠竹筍（或麻竹筍）	1 大支
（做 2 杯米的炊飯，可使用煮好的筍子約 250 克）	
白米	320 克（2 杯米）
青花筍（油花菜）	1 朵
味醂	10cc
醬油	5cc
昆布	1 小塊
鹽巴	煮竹筍水加 3 小匙

Ⅰ 挑選綠竹筍可選擇外型彎彎、像是牛角，底部寬寬大大的。

Ⅱ 以壓力鍋煮切塊的筍子時，水要蓋過所有筍子，否則露出來的地方會稍微苦一點。

🥣 I 煮筍子的作法

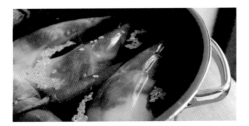

1 方法一：用一般鍋子煮。先不削皮，洗淨後加入足量的水、1 小撮白米、半條辣椒、適量鹽巴，從冷鍋開始煮。煮沸 5 分鐘後，轉小火再煮 1 小時後熄火。要蓋著鍋蓋，不要掀開，直到整鍋冷卻，取出去皮切塊。

2 方法二：用壓力鍋煮。竹筍外層削掉，喜歡口感較嫩，底部可多削掉一些。中間剖開，滾刀切大塊後放入壓力鍋。

3 加入足量的水、1 小撮白米、鹽巴。白米可吸收筍子苦味，先放鹽巴則可保持筍子的形狀不致鬆散。蓋上鍋蓋煮到壓力閥上升，轉中小火再煮 2~3 分鐘即可熄火，等卸壓開蓋。

4 將筍湯中的米粒過濾取出，筍切塊備用。湯留下來，稍後炊飯用。

🥣 II 炊飯的作法

5 米快速淘洗 2~3 次，用過濾水浸泡 20~25 分鐘，直到米粒吸飽水分。

6 將青花筍粗梗的部分刨掉，盡量切成大小一致會比較好看。

7 放入鑄鐵鍋，倒進 2 杯筍子湯（湯和米的比例是 1:1），上面放一塊昆布，將煮好的筍子（約 250 克）鋪上，加醬油蓋上鍋蓋開中火煮滾，轉小火煮 9 分鐘，關火再燜 15 分鐘（用電子鍋煮也可），開蓋鬆飯。

8 同時起一鍋水，加少許鹽汆燙青花筍。燙好的菜放到冰水裡降溫可保翠綠。燜好的飯倒入青花筍拌勻，即完成。

06

簡單好吃拌麵、涼拌菜、沙拉

這一篇示範的料理簡單好做，但風味絕不簡單，可說是最適合一人食（或懶人）的吃法了！

利用假日做一些沖繩風紅油，要吃的時候拌入素麵，香得不得了，比巷口小吃店還涮嘴；

忙碌的時候，調一下義大利油醋醬，淋上生菜清爽又健康！

又或者，時間充裕時來玩一下麵團，就能做出四喜烤麩或涼皮，好看又好吃。

五目涼拌菜

🔖 材料		🔖 醬汁	
嫩薑絲	10 克	醬油露	1 匙（10ml）
黑木耳	100 克	鹽巴	適量
紅蘿蔔	1/2 條	白胡椒粉	適量
小黃瓜	1 條	糖	1 小匙
蒟蒻	120 克	白芝麻油	適量
青蔥	1 支	純米醋	10ml
乾香菇	5 朵	白芝麻粒	適量
（先以溫水泡軟，香菇水保留）			
豆皮	60 克		

塔塔幫你
畫重點

POINT!

將做好的拌菜放入冰箱冷藏 2 小時，就是一道很好吃
的涼拌菜。

🥢 作法

1 蒟蒻切絲，加 1 小匙鹽、
一點水搓揉，可除去腥味，
再洗淨備用。

2 將嫩薑、黑木耳、紅蘿蔔、
小黃瓜、豆皮、事先泡軟的
香菇切絲備用。青蔥切花，
蔥白、蔥綠分開。

3 鍋中放入芝麻油加熱，先
將嫩薑絲放入鍋中爆香，放
木耳、香菇爆香，這兩樣需
要炒稍久一點，將水分炒乾。

4 加入豆皮、蒟蒻絲炒香，
加鹽、白胡椒、糖調味，接
著加入 2 大匙的香菇水（約
30ml）。最後放紅蘿蔔、蔥
白續炒。

5 等到所有食材都熟了，關
火，加入醬油拌一拌，將所
有食材盛盤。

5 稍微放涼後，再加入小黃
瓜絲、淋上白芝麻油、芝麻
粒、醋，拌勻即可。

涼拌黑木耳

詳細影片
看這裡！

▶ 材料

黑木耳	400 克
薑絲	30 克
辣椒	半條
青蔥（或香菜）	適量

▶ 醬汁

醬油	30ml
蠔油（或素蠔油）	20ml
（依照各家廠牌調整鹹淡）	
純米醋	60ml
白芝麻油	30ml
（喜歡吃辣，可以加一點辣油）	
三溫糖	20 克
白芝麻粒	適量

POINT!

塔塔幫你
畫重點

木耳的品質會影響口感,塔塔選用野生的阿里山黑木耳(川耳),肉質偏厚,很脆,適合涼拌。

🥣 作法

1 將黑木耳洗淨瀝乾。

2 嫩薑切成絲狀,切蔥花備用。

3 辣椒斜切,如果怕辣,切好後用溫水抓洗一下去籽,可降低辣度。

4 起一鍋熱水汆燙黑木耳,去除木耳腥味。水滾後放入汆燙 30~40 秒即可撈起。

5 立刻泡入冰水冰鎮。

6 將黑木耳、薑絲、辣椒、跟所有醬汁放入調理盆拌勻入味,撒上蔥花(或香菜)拌勻。

7 做好的涼拌黑木耳可以馬上吃,也可放入冰箱冷藏 2 小時,口感更佳。

涼拌小黃瓜

詳細影片看這裡！

🐟 材料

材料	份量
小黃瓜	550 克
鹽巴	10 克（略少於小黃瓜重量的 2％）
三溫糖（或砂糖）	10 克
辣椒	1 條（可省略）
蒜末	20 克
檸檬汁	適量
寬冬粉	1 把（先泡水泡軟）
白芝麻油	1 大匙（或隨意）

塔塔幫你
畫重點

POINT!

Ⅰ 涼拌小黃瓜加一點寬冬粉,讓整體口感更滑溜,好吃又解暑。加點檸檬汁則可以讓整體味道更融合。

Ⅱ 三溫糖是日本製的烘焙用糖,製程經過三次加熱和結晶處理,不論甜度、香氣、風味都很特別,很推薦用於料理。如果沒有也可用一般糖取代。

Ⅲ 事先泡軟的冬粉,以熱水煮 30 秒後放入冷開水中洗去黏液,剪成適口大小,拌入小黃瓜即可。

簡單好吃 **拌麵、涼拌菜、沙拉**

🥣 作法

1 小黃瓜清洗後去頭尾,放入乾淨塑膠袋。

2 以肉鎚將小黃瓜敲裂後取出備用。

3 放入密封盒後加入約小黃瓜重量 2% 的鹽及三溫糖。

4 蓋上蓋子,將所有食材用力搖勻後靜置 30 分鐘。

5 過程中可再搖晃一次,最後將滲出的小黃瓜水倒出。

6 將辣椒切末,與蒜末、檸檬汁、芝麻油倒入小黃瓜密封盒裡,再補 1 大匙糖。

7 拌勻後先密封好,冷藏過更好吃。

201

芒果雞胸沙拉佐義大利油醋醬

▶ 材料

雞胸肉	適量
西洋芹	1 支
小黃瓜	1/2 條
紫色洋蔥	1/2 顆
小番茄	6~10 顆
芒果	100 克
蘋果	100 克
檸檬	1/2 顆
黑橄欖	少許
藍莓	少許
帕瑪森乾酪	少許

▶ 義大利油醋醬

巴薩米克醋	1 大匙
初榨冷壓橄欖油	3 大匙
薄鹽醬油	1 小匙
海鹽	少許
黑胡椒	少許
蒜泥	少許

塔塔幫你
畫重點

POINT!

I 我喜歡用紫洋蔥來做沙拉，如果沒有，用黃皮洋蔥也可以。炒菜時我比較常順紋切，做沙拉可逆紋切，比較容易釋放嗆辣味。

II 處理水果的小訣竅：切芒果沿著果核切，可以切得很好。蘋果易氧化，切丁後可先泡在檸檬汁中防變黑。

III 做義大利油醋醬的比例，醋 1：橄欖油 3，挑初榨冷壓橄欖油味道較好，可依喜好加點蜂蜜，不過巴薩米克醋已經有甜味，我就沒加。

IV 如果將油醋醬用小瓶子裝起來，用力搖晃數下，此時醬汁會融合乳化，會有不太一樣的味道喔！

🥄 作法

1 半顆檸檬擠檸檬汁備用。西洋芹刨去粗絲，切對半再切丁。小黃瓜切對半（長的方向）再挖掉籽（去籽做沙拉比較美觀），切成丁狀。

2 紫洋蔥逆紋切成絲，泡冰水浸 30 分鐘，可大幅減少洋蔥的嗆辣感。

3 蘋果可連皮切丁，泡在檸檬汁中。小番茄切對半，芒果肉切丁備用。

4 調義大利油醋醬，把巴薩米克醋、初榨冷壓橄欖油、醬油、一點海鹽、黑胡椒混合均勻，可照個人喜好再加點蒜泥。

5 雞胸肉燙熟。（作法請參考「泡菜冷麵」。）

6 取出後待降溫，撕成雞絲。

7 將洋蔥瀝乾，連同西洋芹、黃瓜丁、水果丁、泡蘋果的檸檬汁一起放入大沙拉碗，放入雞肉絲，稍微拌一下。

8 盛盤時鋪點生菜，撒上海鹽和淋一點點初榨冷壓橄欖油，倒出雞胸肉水果沙拉，放上藍莓或黑橄欖，再淋上步驟 4 的義大利油醋醬。

9 再刨點帕瑪森乾酪絲就更完美了！

自製基礎麵團的方法
——為涼皮和麵筋做準備

POINT!

塔塔幫你
畫重點

∣ 如果沒有要做涼皮，也可改用小麥蛋白粉取代高筋麵粉，做出來的麵筋口感略有不同。

∣ 揉麵團除了用調理盆操作，其實也可用適當大小的不沾鍋當容器，更好拌不會沾黏。

詳
細
影
片
看
這
裡
！

材料

高筋麵粉	500 克
海鹽	5 克
溫水（約 40 度）	300ml
（粉：水為 1：0.6）	
酵母粉	5 克
（約麵團重量的 1.5~2%）	
水	20ml
糖	1 小匙

🥄 作法

1 高筋麵粉放入調理盆，加入海鹽攪拌均勻，一邊攪拌一邊加入 40 度的溫水，有助於水跟麵粉的結合。

2 水不要一次加完，視當天溫濕度做水分的調整，輕拌成麵片狀。

3 用手揉成團即可，不需到光滑程度。

4 放入乾淨容器，蓋上擰乾的濕布靜置 30~40 分鐘，蛋白質與水分結合會形成筋膜，類似做麵包的水合法，靜置到 40 分鐘效果更好。

5 用橡皮刮刀輔助，將變得柔軟的麵團取出，開始揉麵。

6 一開始比較黏手，先不要用手掌來揉，用手指指節壓麵及整形（若沒有烘焙墊，也可用不沾鍋當底）。

7 揉到不太黏手的狀態，就可改用手掌來揉，善用手腕的巧勁而不是用蠻力。

8 再揉約 1~2 分鐘，麵團表面呈現光滑狀態。

9 放回調理盆，蓋上濕布預防表面乾燥，醒麵 2 小時。

10 這時麵團變得很柔軟，彈力非常好，再次重複以手掌揉麵動作。

11 揉麵不需要太用力，大約 2 分鐘就可以揉出表層薄膜。

12 基礎麵完成，除了可以用洗麵法做後面的烤麩與涼皮，也可做麵疙瘩、貓耳朵、麵條，非常好用。

自製烤麩（麵筋）

詳細影片
看這裡！

▶️ 材料

基礎麵團	1 顆
（以 500 克麵粉製成，作法請見第 204 頁）	
乾淨的水	足量（洗麵用）
酵母粉	5 克
糖	1 匙
溶解酵母的水	20ml

Ⅰ 將基礎麵團以洗麵法洗出來的 QQ 麵筋，拿去蒸就變成素腸，拿去炸可做出小時候常吃的花生麵筋，若做紅燒料理就是上海四喜烤麩。

Ⅱ 洗出來的麵筋如果沒有要當天蒸，可先泡水後冷藏保存一日，麵團也會更光滑。

🍳 作法

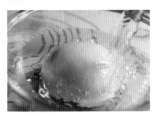

1 調理盆加入適量水，把事先揉好的麵團泡到水中。用手不斷搓揉麵團，像是幫麵團做按摩，直到洗麵水越來越混濁，有如豆漿。

2 過濾掉濃濃的洗麵水（這些洗麵水可以另外做涼皮），再倒入乾淨的水繼續洗。

4 重複動作，直到洗麵水越來越乾淨、麵團光滑成團。

4 另外將酵母粉加 20ml 水、1 匙糖攪拌到溶解。洗好的麵筋約 300 克，與酵母水放入盆中，按摩讓酵母吃進去。

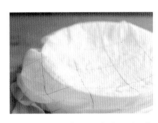

5 蓋上濕布以室溫發酵 60~90 分鐘，若有發酵箱可設定 35 度發酵 50 分鐘。

6 發酵後的麵筋會產生一些大氣孔，輕輕倒入蛋糕烤模或大碗公，可先鋪上烘焙紙較好脫模。千萬不要破壞麵筋氣孔，以免澎不起來。

7 水滾後開始蒸麵筋，鍋蓋下可墊筷子幫助透氣，以免溫度過高導致麵筋容易回縮。以中大火蒸約 18 分鐘後，轉中小火續蒸 2 分鐘（如沒有用烤模，麵筋直接放鍋裡，可縮短時間共約15分）。

8 打開鍋蓋後先靜置不要取出，以免瞬間溫差大造成回縮，取出後也不要急著脫模，先放 5 分鐘慢慢降溫定型。

9 取出後先用水沖洗過，保持麵筋的濕潤度，直接切成塊狀即可。

10 做好的麵筋摸起來很有彈性，可做成炸麵筋、烤麩，或蒸麵筋等各種變化。

手作涼皮

詳細影片
看這裡！

📣 材料

手揉基礎麵團	1 顆
（請見第 204 頁，以 500 克麵粉製成）	
乾淨的水	500ml（洗麵用）

檸檬汁（可省略）	半顆
辣油	少許
（見第 214 頁，可省略）	

📣 醬汁

醬油露	1 大匙
香醋	2 大匙
蒜泥	2 瓣
糖	10 克
冷開水	大匙

📣 配料

紅蘿蔔絲	60 克
小黃瓜絲	60 克
香菜葉	少許
碎花生	少許

> 前一道的蒸麵筋，也可以切塊後拌入涼皮一起吃，兩種口感，超開胃的。做好的涼皮要當天吃完。
>
> 調醬汁時我用薄鹽醬油露，並加入半顆份量的檸檬汁，檸檬汁可視個人口味省略。

塔塔幫你 POINT! 畫重點

🥄 作法

1 將基礎麵團放入乾淨水中，用手揉搓洗麵，並將混濁有如豆漿的洗麵水過濾出來備用。

2 洗麵水加蓋，放入冰箱冷藏，讓澱粉慢慢沉澱，放一個晚上沉澱效果較好，濃稠度也好掌握。

3 靜置過後的會沉澱成兩層，只需要底下的澱粉，上面的水可倒掉。倒水時請緩慢但一氣呵成倒完，避免澱粉被攪動。

4 底層的粉漿凝固了，變得比較硬，用鐵湯匙刮起底部澱粉，攪拌均勻。

5 做出來的稠度若濃到像米漿，再加1匙水調勻。粉漿可冷藏保存，但不要超過5天。

6 在模具上刷一層油（多餘的油用廚房紙巾擦拭掉）。

7 先將粉漿拌勻再舀起倒入模具。直徑23cm的模具約取一瓢半的份量，要上下左右輕輕搖勻成薄薄一層，並靜置凝固，才不會厚薄不一。

8 水滾後放入蒸鍋，加蓋蒸約1分40秒。打開看到涼皮澎起來就表示蒸好了，接著續蒸第二盤。

9 蒸好後立刻用冰水隔水降溫，或把烤盤倒放在水龍頭下沖涼，較好脫模口感也較彈牙。蒸好的涼皮可透光且非常有彈性。盛裝的盤子先薄刷上油避免沾黏。

10 準備蒜泥，加入醬汁材料攪拌均勻。

11 涼皮對摺再對摺，切成喜好的寬度放入碗中。

12 紅蘿蔔切絲後汆燙20秒去除生味，連同小黃瓜絲、香菜葉、碎花生鋪上涼皮，倒入醬汁，最後再淋上辣油即完成。

番茄秋葵素麵

詳細影片看這裡！

🔖 材料

牛番茄	1 顆
小番茄	8~10 顆
小型洋蔥	1 顆
蒜末	2~3 瓣
秋葵	8 條
雞蛋	1 顆
素麵	1 把
熱水	1200ml
三溫糖（或砂糖）	1 小匙
醬油	1 小匙（隨個人喜好）

∥ 我做番茄料理很喜歡混用大小兩種番茄：牛番茄有酸度、風味，小番茄可釋出甜度，味道會更有層次。

∥ 選用日本素麵和秋葵的組合，吃起來很咕溜！

作法

1 大蒜切末，洋蔥切絲。牛番茄切小塊，小番茄對切。熱鍋加橄欖油、放蒜末，煸出蒜香後加入洋蔥絲拌炒至半透明。

2 放入切好的番茄，撒上鹽巴、白胡椒一起拌炒。

3 等番茄變軟爛、茄紅素釋放，加入 1 小匙糖，沖入 500ml 的滾水，以中火滾煮 6 分鐘。

4 將番茄湯底煮至濃稠感，加入剩餘的熱水。

5 回滾後，加入 1 把素麵煮 2 分鐘。

6 雞蛋打散後，沿著筷子慢慢淋入蛋液，不須撥動，讓蛋可以成塊。

7 加入切好的秋葵，再煮 1 分鐘即可關火。 倒入湯碗中，視個人喜好可加入 1 小匙醬油提味，完成。

三菇拌麵

詳細
看影片
這裡！

🏷 材料

蔥花	適量	醬油	1 小匙
芹菜	適量	鹽巴	少許（約 1 小匙）
鴻喜菇	1/2 包	蘿潔塔綜合胡椒香料	適量
雪白菇	1/2 包	（作法見第 23 頁，或黑胡椒）	
鮮香菇	1~2 朵	白芝麻油（香油）	適量
黑木耳	適量	沖繩風辣油	1 小匙
		（作法見 214 頁）	

POINT!

塔塔幫你
畫重點

Ⅰ 這道料理選用的菇類味道清淡不會太濃（如果喜歡杏鮑菇也可以切片一起炒）；若喜歡更濃郁的香菇香氣，也可以加一點事先泡開的乾香菇，香氣四溢、「菇香」滿滿。

Ⅱ 喜歡吃辣的人，不妨加一點蘿潔塔自製辣油，特調、獨特的風味，比美沖繩辣油唷！

Ⅲ 塔塔特調的香料可以運用在任何料理，三菇拌麵當然也適合！

作法

1 鴻喜菇、雪白菇斜切掉底部，用手剝成小朵狀。

2 鮮香菇切薄片。（菇類乾煸才會香，不建議用水洗，如果是買沒有真空的新鮮香菇，用廚房紙巾沾水擦拭即可。）

3 黑木耳切絲備用。

4 蔥綠切成蔥花，芹菜切段備用。

5 將菇類放入鍋中，不放油開火乾煸，聽到吱吱作響後再翻動，撒鹽巴，可加速菇的出水，並撒上蘿潔塔綜合胡椒香料。

6 等煎到菇類的表面微微焦黃、香氣散發，再放入黑木耳絲，略為翻炒。

7 淋上芝麻油拌勻，並加蓋燜 40 秒。

8 打開蓋子，淋上醬油，加入蔥花及芹菜段，關火後再炒一下。

9 另起一鍋水煮麵，水要多，加 1 小匙鹽以增加麵體的口味層次。準備麵碗，放入醬油和白芝麻油各 1 小匙。

10 麵煮熟後裝碗拌一下，鋪上炒料，撒點蔥花、白芝麻，更可淋上 1 小匙沖繩風辣油，完成。

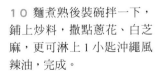

沖繩風辣油拌麵

詳細影片看這裡！

🐟 材料

韓國辣椒粉（粗粉）	30 克
花椒（大紅袍）	20 克
八角	1 顆
草果	1 顆
丁香	4 粒
白胡椒粉	1 小匙
蒜頭	2 大瓣
玄米油	300ml
（或其他耐高溫的油）	
黑糖粉	1 大匙
烘焙過的白芝麻	3 大匙

POINT!

塔塔幫你
畫重點

Ⅰ 塔塔買過的石垣島辣油有多了一種沙茶的風味，如果大家喜歡沙茶也可以加入 1 小匙。或者有的沖繩辣油還會加味噌呢，可依個人喜好；加 1 小匙做變化版喔！

Ⅱ 韓國辣椒粉不太會辣，這種紅油小朋友也多半可接受，愛吃辣者可額外加 10 克或更多唐辛子。

作法

1 將花椒粒先以研磨機磨成細粉。

2 將草果拍裂備用。

3 準備可耐高溫的陶瓷大碗或較深型的耐熱玻璃容器，放入花椒粉、韓國辣椒粉、白胡椒粉拌勻備用。

4 把 2 大瓣大蒜敲碎，和草果、丁香、八角一起放入鍋中，加入玄米油 300ml，以小火煮至蒜頭變色即可熄火（介於 140~160 度）。

5 先將一半的熱油沖入步驟 3 的綜合香料辣椒粉中。

6 務必快速攪拌均勻（這步驟不能省略唷）。

7 再繼續倒入剩下的油。

8 加入黑糖粉、白芝麻再拌勻。

9 蓋上蓋子，趁高溫靜置燜上一天，可讓味道更融合。

10 製作好的辣油建議以玻璃容器常溫保存，只要沒有出現油耗味，大約可以放 2 個月左右（但每次必須用乾淨乾燥的湯匙取用）。

11 煮一把自己愛吃的麵，直接拌入辣油和醬油露，撒一點蔥花，就是美味的紅油拌麵。

自製油蔥酥拌麵

詳細影片
看這裡！

🐟 材料

紅蔥頭	150 克
麵線	適量
醬油露	1 大匙
芹菜	適量
白胡椒粉	適量

POINT!

塔塔幫你
畫重點

Ⅰ 紅蔥頭和油的比例大約是 1:1。
以前的人習慣用豬油，我則用玄米
油。可以稍微多做一點，但一定要
冷藏保存。

Ⅱ 剛煸好的油蔥酥瀝乾放涼時要分散平鋪，油蔥酥的口感才
會酥脆。

🍳 作法

1 紅蔥頭去皮，切掉尾端留著頭部，會比較
好切成薄片。

2 切好放入鍋中，冷鍋冷油，開中火開始煸，
油會一直冒泡泡，要稍微撥動一下，讓受熱
均勻。看到紅蔥頭開始變色，便準備關火。

3 用濾勺濾出紅蔥油，把瀝出來的油蔥酥平
鋪、分散在廚房紙上晾乾。瀝出來的紅蔥油
可以拿去炒菜、拌麵或拌青菜。

4 另起一鍋水煮麵，將麵撈出放入碗中，加
1 大匙的紅蔥油、醬油露，拌一下，最後加
上油蔥酥及芹菜花，撒上一點白胡椒粉，就
是超簡單的懶人拌麵。

07

甜鹹古早味小點

臘味蘿蔔糕、芝麻湯圓、炸年糕、黑糖發糕……
哇!每一種都好誘人唷!
聽起來很厲害,其實一點都不難!
不一定要逢年過節才能吃這些點心,
嘴饞了,想吃什麼,就來做什麼,
更健康、更美味、更有料!

紅豆年糕

🥢 紅豆餡料

紅豆	200 克
水	600ml
三溫糖	60 克

🥢 年糕麵糊

手工黑糖	150 克
水	230ml
糯米粉	300 克

POINT!

塔塔幫你畫重點

沒有壓力鍋，也可以用一般鍋子來煮紅豆，可以參考我另外的影片示範。

作法

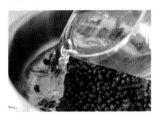

1 紅豆洗淨瀝乾放入壓力鍋，倒入 600ml 的水，開中火煮滾，壓力閥上來後轉小火烹煮 10~12 分鐘後關火，等待壓力指示線下降後（約 35 分鐘）再開蓋。

2 煮好的紅豆稍微翻動，加入 60 克的三溫糖輕輕攪拌均勻。

3 將紅豆倒入容器中，冷卻後移到冰箱冷藏一個晚上或冷凍 2 小時。

4 手工黑糖硬顆粒較多，煮之前要先敲碎。鍋裡放入 230ml 的水煮滾後轉小火，倒入黑糖攪拌至溶解，將黑糖水倒入調理盆中放涼。

5 黑糖水分次加入糯米粉，攪拌均勻融合後再加入下一批，攪拌到沒有粉粒滑順的狀態，最後留下少許糯米粉備用。

6 粉漿中繼續加入 300 克冷藏過的紅豆，可帶一點湯水進來沒關係，輕輕攪拌均勻，盡量不要弄碎紅豆。

7 剛開始粉漿會比較稀，此時將剩下的糯米粉通通倒進來，用矽膠刮刀再拌勻，攪拌到沒有粉粒、滑順的狀態就可以了。

8 蛋糕模內層刷上油便脫模，也可用玻璃容器鋪烘焙紙。用矽膠刮刀把所有的粉漿倒進模裡。

9 全部倒入後抹平表面往桌面敲幾下，讓內部空氣排出。

10 用水波爐蒸年糕約 60 分鐘，也可使用蒸籠、電鍋來蒸年糕，若是用蒸籠，請先把水燒開再放入年糕。

11 蒸好放涼，表面刷上一層油預防乾燥，等到年糕完全冷卻後再脫模。

12 年糕脫模，完成。

汽水炸年糕

詳細影片
看這裡！

🥄 材料

年糕	1 條
油	600ml

🥄 麵糊材料

低筋麵粉	150 克
玉米粉	50 克
鹽巴	1 小撮
泡打粉	1 小匙（可加可不加）
汽水（或碳酸水加點糖）	200ml
雞蛋	2 顆
植物油	20ml

Ⅰ 碳酸飲料裡的二氧化碳會產生氣泡，有助於麵糊炸出來蓬鬆感，跟小蘇打是一樣的意思。也可添加水＋泡打粉 1 小匙（5 克）。

Ⅱ 如果不介意，汽水也可用啤酒替代，或無色、無味、無糖的碳酸水效果都很好。如果喜歡麵糊厚一點，汽水就減量，可自行調整用量。

作法

1 紅豆年糕冷藏兩天後取出切片，刀子先抹油較好切，厚度約 0.5 公分，熟度較易掌握。

2 起油鍋，倒入 600ml 的油，燒到 160 度左右（需時約 5 分鐘）。

3 調理盆內放入低筋麵粉、玉米粉、1 小撮鹽、打入 2 顆雞蛋、加 200ml 冷藏冰透的汽水，攪拌均勻。

4 以打蛋器打到沒有粉粒的狀態，加入 20ml 的油。

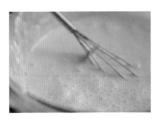

5 攪拌到融合為止，讓粉漿充滿氣體。

6 將切好的紅豆年糕拍上薄薄一層低筋麵粉。

7 再將年糕放入麵糊裡面浸泡。

8 將沾附麵糊的年糕放入油鍋裡炸，不時用筷子撥動避免沾鍋，年糕浮起就差不多熟了。

9 炸好的年糕外面酥脆裡面熱軟，如果喜歡外層更酥脆，可用 200 度再回炸 10 秒鐘。

黑糖八寶粥（電子鍋版）

詳細影片看這裡！

材料

十穀米	100 克
紫米	30 克
紅豆	20 克
桂圓	60 克
水	900ml
古早味黑糖粉	60 克

POINT!

塔塔幫你
畫重點

若是新鮮紅豆清洗過就能煮,如果擺放時間較長,最好跟十穀米一起浸泡。

🥣 作法

1 十穀米及紫米洗乾淨,再用乾淨溫水浸泡 4 個小時。

2 將浸泡水倒掉、瀝乾,米放入電子鍋中,放入紅豆與 900ml 的清水一起煮。

3 大約煮 1.5 小時,至所有材料軟熟。

4 時間到開蓋,放入約 60 克先以熱水泡開的桂圓,量可自行決定,外面賣的八寶粥桂圓較少,自己下料就可以很豪邁。

5 再放入黑糖粉(也可以依照喜好增減,這比例是我蠻喜歡的微甜),入鍋後立刻攪拌均勻。

6 蓋上鍋蓋讓桂圓受熱、黑糖溶化,續燜 5~8 分鐘即可開蓋,超級好吃的桂圓八寶粥就完成了。

福壽八寶年糕

詳細影片
看這裡！

🍴 材料

黑糖八寶粥	300~350 克
糯米粉	300 克
黑糖粉	150 克
滾水	220ml
綜合堅果	適量
枸杞	1 小把（洗淨後先以熱開水泡軟）
紅棗	1~3 顆（裝飾用，看個人喜好）

POINT!

塔塔幫你
畫重點

八寶年糕放冰箱冷藏最多可放 5 天，放太久會發霉。
冬天在室溫下可放到隔天，早上就能吃，但因為沒有
防腐劑，放室溫不能超過 3 天。

作法

1 請按照前一道黑糖八寶粥
的作法，取 300~350 克備用。

2 調理盆放入 150 克的黑糖，
沖入滾燙熱水 220ml，攪到
糖粉徹底溶化。

3 取 150 克糯米粉加入黑糖
水中，攪拌均勻，大約到像
蜂蜜的稠度。

4 倒入八寶粥，用刮刀慢慢
拌勻，再放 150 克糯米粉。

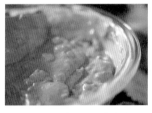

5 所有麵糊攪到沒有粉粒、
很黏稠的狀態。

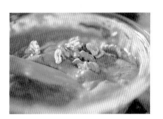

6 此時可加入一些核桃，口
感會更棒。

7 蛋糕模的側壁薄薄抹上
油，底部鋪烘焙紙，倒入所
有麵糊。

8 輕輕敲一敲讓表面均勻、
震出空氣。

9 放蒸爐蒸 1 小時（電鍋
可能要 1 小時以上，外鍋水
請自行測量），時間到先以
牙籤插一下，如果有沾黏就
要繼續蒸。（如要放紅棗，
可以在最後 20 分鐘一起蒸
軟。）

10 取出後趁熱先撒上白芝
麻，再放上堅果及事先以熱
水泡軟的枸杞等做裝飾。

11 稍微放涼，降溫回縮後
即可脫模，繼續放到冷卻就
可以享用了。

黑糖發糕

詳細影片看這裡！

材料（8 顆小發糕的份量）

台梗九號米	100 克
（也可以用越光米，兩者口感不同）	
低筋麵粉	200 克
常溫水	260ml
黑糖粉	60 克
三溫糖	30 克
食用油	20 克
無鋁泡打粉	12 克
小蘇打粉	2 克

塔塔幫你
畫重點

Ⅰ 發糕不像蛋糕，麵糊裡沒有添加蛋白（鹼性物質），為了穩定發得漂亮，建議加 1/2 小匙（2 克）泡打粉會比較容易成功。

Ⅱ 塔塔試過用台梗九號跟越光米兩種米來做，越光米較黏，台梗九號米的黏性較少，吃起來也有蛋糕的蓬鬆感，至於在來米的水分較少、米也較硬，帶有古早味。

🥣 作法

1 將米洗淨直到水清澈見底並瀝乾。

2 煮一鍋熱水直接沖燙米粒，浸泡 4 個小時（如果有可打得較細的調理機，泡 1 個多小時即可）。

3 泡到米粒脹大，用指甲可以輕易切斷的程度就可以了。

4 將米瀝乾倒入調理機中，加入常溫水 260ml，開開關打 1~2 次。用手觸摸粉漿確認細緻度，不夠細可再打一次。

5 加入黑糖及三溫糖，繼續以調理機打勻。再以過濾網過濾米糊，以免未打勻的米粒混入，影響口感。

6 低筋麵粉一次過篩進米糊中。

7 攪拌到沒有粉粒光滑的狀態就可以了。

8 加入食用油攪拌直到融合。

9 再放入泡打粉和小蘇打粉攪拌均勻，待粉漿產生氣泡即可。

10 選下窄上寬的容器，蒸出來比較美（若是使用瓷碗，碗我用先加熱再蒸較易成功）。小布丁杯，套上紙模（幫助脫模），將粉漿緩緩倒入模型杯至 9 分滿。

11 讓粉漿靜置 5 分鐘。水煮開後開始蒸，用大火蒸 25 分鐘，中途不要隨意開蓋。

12 取出的發糕先放涼降溫較好脫模，口感 QQ 又有蛋糕的蓬鬆感，好吃。

米香黑糖糕

詳細影片
看這裡！

🐟 材料

越光米	300 克
溫水	350 克
（水溫 35~40 度左右）	
黑糖粉	150 克
三溫糖	40 克
速發酵母	6 克
低筋麵粉	200 克
白芝麻	適量

塔塔幫你
畫重點

POINT!

一般黑糖糕都是靠樹薯粉或玉米澱粉達到Q彈的口感，但用白米做的黑糖糕，不但同樣Q彈還帶有米香，最適合當作招待親友的小點。

🥣 作法

1 米洗淨至水清澈見底（約6次），瀝乾後沖入滾熱的水並浸泡，4小時後泡到米粒可以輕易地用指甲弄碎即可（米糊做法可參考「黑糖發糕」）。

2 米粒瀝乾放入調理機，加350ml的溫水打米糊。打好後檢查米糊，用手摸起來必須滑順沒顆粒。

3 再加入黑糖、三溫糖拌勻，打好後過濾米糊增加細緻度。

4 低筋麵粉過篩一次倒進米糊，攪拌至沒有粉粒，加酵母粉再拌勻至粉漿呈光滑細緻，稠度像蜂蜜一樣（也可在粉漿裡加少許蜂蜜增加濕潤感）。

5 將粉漿蓋上保鮮膜進行室溫發酵，直到體積兩倍大（若用水波爐或烤箱發酵，以40度設定45分鐘）。發酵完成後用筷子或湯匙攪拌，讓大氣孔消泡。

6 正方形模具裡墊上烘焙紙，粉漿倒入模具約至6~7分滿，在上方架上兩支筷子，再蓋上保鮮膜靜置20分。等粉漿膨脹到接近模具高度即可開始蒸。

7 放入水波爐蒸35分鐘（如使用蒸鍋，水燒開後大火蒸30分），中途不可隨意開關以免塌陷。

8 蒸好後用牙籤插一下看是否沾黏，視情況延長蒸5~10分鐘。出爐後立刻撒上白芝麻，在網架上放涼至不燙手再脫模。趁熱撕開紙模。

9 做好的黑糖糕放涼一個小時再切。刀子先用熱水沖過並抹上一點油會更好切，像鋸子一樣慢慢切即可。

自製芝麻湯圓 & 花生湯圓

詳細影片
看這裡！

材料

黑芝麻粉	70 克
黑糖	50 克
奶油（豬油）	110 克
糯米粉	230 克
紅豆	150 克
溫水	170ml
水	800ml
黑糖	適量

＊建議所有食材都要先冷凍 30 分鐘（奶油冷藏）

POINT!

塔塔幫你
畫重點

Ⅰ把芝麻粉換成花生粉，同作法就可做出花生湯圓。我很喜歡抹茶風味的糯米糰，只要在原味糯米糰裡加入少許抹茶粉一起揉，就可以做出雙色湯圓。

Ⅱ可煮紅豆湯搭配芝麻湯圓：150 克紅豆洗淨放入電子鍋，加 800ml 的水燉煮 1 小時，煮熟後放入適量黑糖即可。

甜鹹｜古早味小點

作法

1 芝麻粉、黑糖、奶油切塊放入食物處理機中攪打均勻。

2 當材料打成團狀，再加入黑糖打勻，就是湯圓的芝麻內餡，用保鮮膜包起來放冷凍定型。

3 糯米粉放入調理盆一邊攪拌一邊放入 170ml 的溫水，用手揉成團狀。先取出一小塊（20 克）壓扁，另以滾水煮約 1 分鐘直到浮起，即成「粿粹」。

4 將粿粹放回糯米團裡，稍微降溫後加少許糯米粉（比較不黏手），開始揉到表面光滑為止，蓋上保鮮膜讓糯米團休息變軟，再將糯米團整成圓形。

5 將糯米團像甜甜圈般中間挖個洞，慢慢越拉越大拉開成一個圈圈。

6 切成等大，每顆約 20 克，手上沾點水將糯米團揉成圓形，記得蓋上一張保鮮膜防止表面龜裂。

7 拿出冷凍後的芝麻內餡，分成每顆 10 克的大小，搓成圓形後再重新放入冷凍定型。

8 糯米團先壓成圓餅狀，不要太薄要有點厚度。將芝麻內餡放到中間，從四周包裹起來，中間收口沾點水捏緊，輕輕揉成圓形即可。

9 水滾後放入湯圓，用筷子攪拌以免沾黏，煮 3 分鐘（冷凍煮 5 分鐘）湯圓浮起來即可。

桂圓雙耳飲

詳細影片看這裡！

🥄 材料

新鮮白木耳	100 克
新鮮川耳	100 克（或一般黑木耳）
龍眼乾	約 10 顆
枸杞	10 克
手工黑糖	50 克（隨喜好增減）
水	1500ml（分 2 次放）

塔塔幫你
畫重點

POINT!

Ⅰ 很多人不太會剝龍眼肉，可以看影片示範，用小叉子和盤子幫忙更好處理。

Ⅱ 黑白木耳的比例是 1:1，如果只愛喝銀耳湯，步驟 4 當白木耳和桂圓煮出膠質，加糖就很美味了。塔塔的作法保留了黑木耳的脆，再將白木耳打成柔滑濃郁的湯汁，有雙重口感。

Ⅲ 如買不到新鮮木耳，也可用乾燥木耳泡開，只是白木耳的燉煮時間要更久。

作法

1 手掌蓋在龍眼殼上，另一手握拳敲一下，把殼敲裂取下果肉。用叉子在果肉上劃幾刀後剝下備用。

2 新鮮木耳洗淨後剪除硬硬的蒂頭，再剪成碎片（越碎煮起來越快變軟）。

3 白木耳碎片加入冷水 1000ml，煮沸後轉中小火再煮 30 分鐘，撈去浮末。（如使用泡發的乾燥木耳，要煮 1 小時左右。）

4 加入已剝好的龍眼乾（桂圓），再煮 20 分鐘。

5 黑木耳剪成差不多大小的小片，另起一鍋熱水，煮 30 秒後撈起沖涼兩次降溫（第二次用飲用水）。

6 黑木耳放食物處理機打碎或切碎備用，但不要變成泥狀，以保留脆脆的口感。

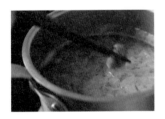

7 等白木耳這鍋煮好、已煮出膠質，先夾出煮軟的桂圓肉。

8 關火，白木耳鍋加入 500ml 冷水。

9 用手持攪拌棒把整鍋白木耳露攪打得更細，直到湯汁柔滑。

10 白木耳這鍋放回桂圓肉，並加入黑木耳碎片和枸杞（先用溫水洗淨），中火煮滾。

11 加入黑糖攪拌均勻，黑糖全溶化後，湯色就會轉深咖啡，好喝健康的飲品就完成了。

臘味蘿蔔糕

詳細影片看這裡！

📣 材料

白蘿蔔	1 條	乾蝦米	20 克
（去除頭尾約 900 克重）		（先用紹興酒泡開）	
在來米	200 克	干貝	30 克
台梗九號米	100 克	（先用紹興酒泡開）	
（一般蘿蔔糕用在來米製作，因為		臘肉	40 克
含水量少比較沒有黏性，喜歡軟 Q		臘腸	40 克
可加 1/3 蓬萊米）		玉米粉（或澄粉）	60 克
乾香菇	30 克	油	2 大匙
（先用溫水泡開）		白胡椒	少許
		糖	5~10 克

🥣 **作法**

1 米清洗 3~4 次直到洗米水不再混濁,瀝乾備用。

2 煮一鍋熱水直接沖燙白米,攪拌浸泡 2~4 小時直到米粒軟化。

3 臘肉切片後與臘腸蒸 20 分鐘,降低鹹度。

4 蒸熟後將臘肉臘腸切成小丁狀,若覺得腸衣口感不佳,可以去除腸衣後再切丁。

5 將蘿蔔刨去三層外皮,切除頭尾量重量,總共需要 900 克的蘿蔔,其中 300 克刨絲。

6 剩下 600 克蘿蔔切成小塊。

7 將塊狀蘿蔔放入調理機,放入 100ml 水,打成細緻的蘿蔔泥。

8 用較細或雙層濾網過濾蘿蔔水,過濾時可用湯匙盡量擠壓蘿蔔泥,將多餘水分擠出,蘿蔔水約 450 克,取用 300 克即可。

9 確認擠乾的蘿蔔泥重量大約是 200 克。

10 用手捏米粒確認是否軟化,瀝乾後約 560 克放入調理機,倒入 300 克的蘿蔔水,每次打 90 秒,打 1~2 次。

11 米糊打好後先用手觸摸,是否仍有塊粒狀,須完全打細。

12 以濾網過濾確保米糊的細緻度,此時米糊重量約 860 克。

13 將澄粉或玉米粉加入米糊中攪拌均勻，直到沒有粉粒為止。

14 將泡好的干貝瀝乾撕成絲狀備用。

15 將泡好的蝦米瀝乾用刀剁碎備用。

16 香菇泡軟後用手擠乾水分，去蒂頭切成小丁狀。

17 開中火起熱鍋倒入 2 大匙油，放入香菇爆香以中火慢炒，直到表面微微焦香，接著放入干貝絲、蝦米炒至有香氣飄出。

18 最後放入臘肉、臘腸，把材料都炒到水分減少、香氣出來即可，避免炒焦。

19 撒上白胡椒調味，放入蘿蔔絲一起拌炒。炒至蘿蔔絲變軟顏色轉黃，此時可先試味，若不夠鹹補鹽調整。

20 放入蘿蔔泥一起拌炒，炒到顏色轉黃並與其他材料融合，接著倒入 50ml 香菇水、5~10 克的糖，務必把鍋底水分炒乾，以免蘿蔔糕太軟。

21 鍋內材料炒勻後，粉漿攪拌均勻，下鍋轉最小火，並立即開始攪拌。會開始凝固越來越沉，最後凝結成團狀。

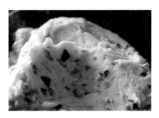

22 炒到粉漿顏色由白色轉成微黃色,跟所有材料融合均勻,此時大約有九分熟。

23 可試吃一小口,若還有粉粉的感覺就是還沒熟,要拌炒到不黏鍋且吃起來沒有粉粉的口感才可關火,加蓋子用餘熱燜 15 分鐘。

24 在容器裡鋪上烘焙紙,裝入燜熟的蘿蔔糕,盡量壓實表面。刷上一層油,預防晾乾時表面龜裂。放涼定型,蓋上保鮮膜後移到冰箱凝固一個晚上。

25 將冷藏一晚的蘿蔔糕倒扣脫膜,切蘿蔔糕時刀子記得先抹油較好切,切的時候不要太用力,切成片狀就可以拿去煎了。

26 自製蘿蔔糕料多表面較不平滑,建議煎之前先刷上一層薄薄的油,成相更美。

27 開火熱鍋兩分鐘,倒入適量的油,每面約煎兩分鐘,沒沾鍋即可翻面,兩面都煎出焦色即可起鍋。

簡易版無水蘿蔔糕

詳細影片看這裡！

材料

白蘿蔔	1 大條
在來米粉	180 克
太白粉	20 克
白胡椒粉	適量

🥣 作法

1 白蘿蔔 1 條用刨刀去兩層皮，將蘿蔔磨成泥，或切塊用食物調理機打成泥亦可。

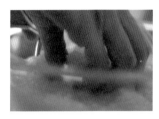

2 磨好的蘿蔔泥要秤重約 800 克。

3 在來米粉 180 克倒入水晶碗中，取一些蘿蔔泥，以濾網擠出蘿蔔汁與在來米粉攪拌成粉漿。

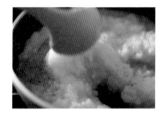

4 平底鍋倒入 4 大匙油熱鍋，一半橄欖油一半白芝麻油，放入蘿蔔泥慢慢加熱，讓蘿蔔泥煮滾，加入 6~7 克鹽與少許白胡椒調味，關火。

5 將所有粉漿倒入鍋中拌炒均勻。

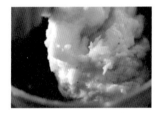

6 加入太白粉 20 克拌勻，開小火慢慢炒，湯汁會越來越少，炒成黏稠的泥狀直到難以繼續攪拌為止，關火。

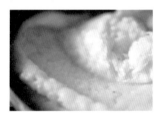

7 在鍋子裡靜置 10 分鐘稍等凝固。

8 方形玻璃或琺瑯容器內部塗上一層油，底部與周圍鋪上烘焙紙，將所有麵糊都放入模型裡抹平，表面可用保鮮膜修整更為平整。

9 撕開保鮮膜用電鍋蒸 20 分鐘定型，取出後放涼，讓表面稍微風乾水分，鋪上保鮮膜，放置到冰箱冷藏 4 小時以上。

10 取出蘿蔔糕倒扣至砧板上，撕去烘焙紙，切成喜愛大小，入平底鍋乾煎至兩面焦黃，自行搭配醬油膏或甜辣醬即可。

08

玩烘焙，好療癒

塔塔不是烘焙高手，甚至不太愛甜滋滋的食物，但很喜歡當自揉麵包或蛋糕出爐，那種酥酥香香的味道，散發出來的是好幸福的甜蜜香氣！

經過多次實驗，塔塔嘗試過各種手作麵包，也努力找出減糖卻不減美味的蛋糕作法。

帶著孩子一起揉麵團吧，超療癒呢！

免揉麵包

詳細影片看這裡！

🏷️ 材料

高筋麵粉	150 克
速發酵母	3 克
三溫糖	10 克
鹽巴	2 克
常溫水	100ml
橄欖油	1 大匙

POINT!

塔塔幫你
畫重點

‖ 我使用的鑄鐵鍋是 18 公分。

‖ 如果要做 2 倍的重量，食材比例直接 ×2。

玩
烘
焙
，
好
療
癒

🥄 作法

1 將所有的材料放入調理盆中。

2 加入水用筷子攪拌均勻。

3 等到成團狀後，撒上麵粉輕輕地揉捏成形。

4 不需要過度揉捏，只需要整形成圓形即可。

5 乾淨的調理盆抹上橄欖油，放入麵團。

6 蓋上用熱水沖過再擰乾的濕布，在室溫發酵到兩倍大。

7 桌面撒點麵粉，將麵團倒扣到桌面，用矽膠刮板幫助整形、排氣。

8 在 14 公分的鑄鐵鍋鋪上烘焙紙，放入麵團。

9 放入烤箱或發酵箱設定 30 度，進行第二次的發酵，直到兩倍大。

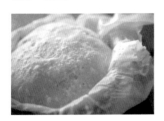

10 取出發酵好的麵團，表面撒上一點麵粉做裝飾。

11 烤箱預熱至 200 度，烘烤 35 分鐘，表面的顏色呈現金黃色即可。

12 取出烤好的麵包，放在網架上放涼，冷卻後再切片。

245

手揉白吐司（水合法）

詳細影片看這裡！

▶ **材料**

高筋麵粉	305 克
低筋麵粉	50 克
三溫糖	30 克
鹽	7 克
溫水	215 克
無鹽奶油	30 克
白玫瑰酵母	18 克（麵粉的 5%）

POINT!

塔塔幫你
畫重點

Ⅰ建議使用 40 度左右溫水，大概是接近人體體溫的水溫，這樣水與麵粉
會結合得比較快。

Ⅱ也可在前一晚先處理好麵團，裝入塑膠袋中冰一個晚上，麵團會更柔
軟，操作麵團的時候要注意溫度，麵團的溫度越高，做出來的吐司會越
粗糙。

作法

1 先將麵粉過篩，放入三溫
糖，再放入鹽巴，混拌均勻
後在中心挖一個洞，緩緩地
加入水，先保留一些，視情
況慢慢再添加。

2 接著用筷子順時鐘方向攪
拌，再把剩下的水全部加入。
直到麵粉變成麵絮狀，就可
以用手揉了。

3 把麵粉都慢慢揉進麵團
中，盆邊的麵粉可用刮刀刮
下來。以甩打的方式加速麵
團凝聚在一起，不需要揉到
很光滑，大概成團就可以了。

4 換一個乾淨的盆子放入麵
團，上面蓋上擰乾的濕布，
靜置鬆弛 2 小時。

5 鋪上揉麵墊，放入鬆弛後
的麵團。

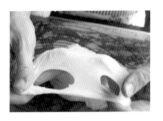

6 靜置後的麵團變得很柔軟
有彈性，可以拉長也不會斷
裂，先拉一小塊出來試試看，
還沒加奶油就能產生薄膜，
很有彈性像麻糬一樣，就代
表麵團完成了。

7 加入奶油跟酵母，先在墊
子抹一點奶油比較好操作。
將酵母分成小塊狀，揉到麵
團裡面，直到融合為止。奶
油要放室溫軟化到手指可以
輕易壓下的程度。如果使用
速發酵母，要先用一點水去
溶解比較好吸收。

8 接著將奶油少量少量的加
到麵團中，慢慢讓奶油吸收，
揉一陣子發現麵團比較緊，
可以先讓麵團休息 5~10 分
鐘就會恢復柔軟。黏在桌面
上的麵粉用刮刀收集加入麵
團，繼續揉捏。

9 在揉麵團的過程中，適當
的甩打幾下，可以幫助麵團
更快速產生薄膜。

10 經過幾次甩打揉捏之後，麵團會變得很光滑又柔軟，摸起來會像麻糬一樣。（麵團完成的最佳溫度是24~26度，摸起來冰冰涼涼的。）

11 在麵團邊抓一小塊，兩面抹一點奶油，慢慢拉扯，薄膜像醫療手套一樣薄又透光，拉出來的洞邊緣是平滑而非鋸齒狀。如果麵團比較緊，先鬆弛5~10分鐘，就可順利拉出薄膜。

12 在盆子裡抹一點奶油放入麵團進行發酵，蓋上一塊擰乾的濕布，攝氏30度發酵50分鐘左右，或室溫下發酵到兩倍大（大約是1.5~2小時）。

13 桌面抹少許奶油預防沾黏，將盆子倒扣倒出麵團，拍打麵團排氣，這個階段麵團很柔軟，動作別太粗魯。

14 將麵團稍微翻摺、整型，並秤麵團重量。

15 整成圓形或長條形後將麵團分割成兩等份再秤重，盡可能讓兩份麵團重量均等。

16 每一份麵團又再次等量分割，秤重確認，把每份小麵團整成圓形，蓋上布休息15分鐘。

17 桌上抹少許奶油，把每顆麵團的收口向上，輕輕的排氣壓扁。

18 用排氣棍往四個方向擀開，不像正方形也沒有關係，整理一下就好。

POINT!

塔塔幫你
畫重點

‖ 麵團溫度控制得好，做出來的吐司放到隔天依然柔軟有彈性，吃的時候也不會一直掉屑。

‖ 我用的日本製矩形吐司模，容積率的算法：長 × 寬 × 高（公分）＝ 10 X12X 22＝ 總容量是 2640ml。2640 除以 3.8 的膨脹率（或 4）＝ 660 克，就是可以盛裝的麵團重量。而麵團重量就是所有材料的加總囉，最簡單的方法，就是容器中裝滿水，再把水倒出另外秤重，就可以得到體積（＝容積）。白吐司的水分我控制在麵粉的 0.6，要加更多水分也可，只是更黏手不太好揉捏。

玩烘焙，好療癒

19 擀開後兩邊摺入再壓，尾端要拉一下，壓在桌面上固定。

20 從前端往自己的方向捲進來，底部收口捏一下。

21 捲好後側面會有螺旋狀，螺旋有一個結束的方向，稍後兩個捲好的麵團要反方向放。

22 吐司模內先抹奶油預防沾黏，蓋子也要抹（不沾烤模則不需抹油）。麵團捲好後盡快放入吐司模中，才不會繼續發酵。四捲可以依序排好，如分割成兩捲就各放在吐司模的兩邊。

23 蓋上濕布進行第二次發酵，設定 30 度發酵 50 分鐘，發酵到 40 分鐘時要檢查，約八分滿時蓋上蓋子，萬一發酵太過長太高，可戳破一點氣孔讓蓋子順利蓋上。時間只是參考值，要依照當天狀況做判斷，每隔幾分鐘觀察麵團長大的情形。

24 烤箱先預熱 190 度，放入吐司模烤 40 分鐘（烤的時間只是參考，要視容器大小判斷）。

25 吐司出爐後，要記得敲三下好讓裡面的熱氣散出。

26 迅速倒出吐司放在網架上放涼，剛出爐的吐司溫溫熱熱、表皮脆脆的，非常誘人。

27 剛出爐的吐司柔軟不好切，建議放涼或隔天再切，可放入塑膠袋中常溫保存兩天或冷凍一個月，要吃的前一天改放冷藏解凍即可。

牛奶優格吐司

詳細影片看這裡！

📢 材料

高筋麵粉	250 克
低筋麵粉	50 克
上白糖	30 克
海鹽	5 克
白玫瑰新鮮酵母	15 克（或速發酵母 3 克）
奶油	30 克
雞蛋（大）	1 顆（先打成蛋液）
無糖優格	80 克
全脂牛奶	80~90ml

POINT!

塔塔幫你
畫重點

‖ 除了奶油，其他所有材料先冷凍 30 分鐘，確保麵團在攪拌
過程中不會升溫過高，導致麵包的口感變乾硬，麵團最佳溫度
是 24~26 度，如果家裡冷凍櫃夠大，攪拌鋼盆也可冷凍。

‖ 麵團製作的詳細圖解過程，可參考影片或「手揉白吐司」。

玩
烘
焙
，

好
療
癒

🥣 作法

1 除牛奶和奶油之外的材料
放入攪拌盆，用低速攪拌成
團狀，一邊打一邊加入牛奶。
成團後轉中速，換勾型攪拌
器轉高速攪拌 5 分鐘。拉出
一小塊麵團邊緣呈鋸齒狀，
即可加入奶油，繼續高速打
至融合，麵團可拉出薄膜且
裂洞邊緣呈平滑狀即可，稍
微整形。

2 玻璃容器抹上奶油或是橄
欖油，放入麵團，蓋上擰乾
的濕布進行第一次發酵，室
溫放約 90~120 分鐘，讓麵團
發酵至兩倍大，若放烤箱，
設定 30 度發酵約 60 分鐘，
完成後將麵團倒扣到桌面
上。

3 輕輕按壓排氣，利用刮刀
幫助整形，秤重再分割切成
4 等份。擀平四邊，再往裡
摺整成圓形，蓋上濕布休息
10~15 分鐘。取出後底部收
口向上輕壓，用排氣棍從中
間輕輕往四邊擀，從兩側摺
向中間，再度輕輕擀平，尾
端按壓一下，從前端慢慢捲
進來，底部收口捏緊。

4 吐司烤模抹上一層橄欖油
防沾黏，兩捲的方向要一正
一反，各擺放兩側，移至烤
箱、蓋上濕布，進行第二次
發酵。

5 設定 30 度發酵 50 分鐘，
直到兩倍大；也可放室溫發
酵約 90~120 分鐘，發酵到吐
司模 8~9 分滿。

6 預熱烤箱至 190 度，烤
10 分鐘，上色後轉 170 度烤
12~15 分鐘，取出後脫模放
涼，完成。

柳橙風味小餐包（平底鍋版）

詳細看這裡影片！

🏴 麵團材料（A）

高筋麵粉	250 克
低筋麵粉	50 克
鹽巴	5 克
糖	20 克
雞蛋	1 顆
（打成蛋液）	
白玫瑰新鮮酵母	15 克
（速發酵母 3 克）	

🏴 麵團材料（B）

美國甜橙	2 顆，擠成果汁備用
（110～120ml）	
鮮奶	60ml
甜橙皮屑	2 顆（後加）
奶油	30 克（後加）

252

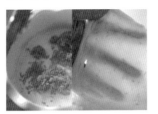

POINT!

塔塔幫你畫重點

Ⅰ 如果沒有攪拌機，可以參考前面的「手揉吐司」作法。

Ⅱ 甜橙皮先刨出皮屑，盡量不要刨到白色內皮。

Ⅲ 如果擔心鍋子導熱不佳，可以鋪一張烘焙紙在鍋裡。

🥄 作法

1 將麵團材料（A）放入攪拌缸中慢速攪拌，加入甜橙汁跟牛奶，直到攪拌成團，拉出薄膜邊緣呈現鋸齒狀，再加入甜橙皮屑與奶油。高速繼續攪拌，再次拉出薄膜，狀態像是戴手套般透光，撕開呈平滑的狀態，就完成了。

2 玻璃調理盆抹上橄欖油或是奶油，將麵團放入蓋上濕布進行發酵，室溫發酵 90 分鐘，直到兩倍大（時間只是參考，要視發酵麵團體積而定）。

3 取出發酵好的麵團，輕輕排氣、整形、秤重，分割成 8 等份，每個約 72 克，將分割好的麵團蓋上擰乾的濕布休息 15 分鐘。

4 將麵團擀平，從四邊摺進來再滾圓。

5 平底鍋底鋪上烘焙紙，將滾圓好的麵團放入約 24 公分的平底鍋中排整齊，進行第二次發酵。

6 平底鍋蓋上鍋蓋或是擰乾濕布（效果較好），室溫發酵 90 分鐘，直到變原來麵團的兩倍大。

7 觀察大約發酵到鍋子的八分滿即可。

8 利用空檔時間柳橙切片備用。

9 發酵好的麵團，用油刷沾橄欖油輕輕刷在表面。

10 輕輕蓋上蓋子避免擠壓，用非常小的火來烤麵包，約烤 30 分鐘，隨時注意避免烤焦。若蓋子上水蒸氣太多要用布擦掉，時間到關火。

11 用大盤子或鍋蓋蓋在平底鍋上，翻面倒扣取出麵包後再滑回鍋中，另一面繼續烘烤 5 分鐘。

12 開蓋再次將鍋子翻面取出麵包，將切好的柳橙片放在麵包上做裝飾，完成。

奶油小餐包

詳細影片
看這裡！

🐟 材料

高筋麵粉	250 克	雞蛋	1 大顆
低筋麵粉	50 克	無糖優格	80 克
上白糖	30 克	全脂牛奶	80~90 ml（邊打邊加）
海鹽	5 克	奶油	20 克（後加）
白玫瑰新鮮酵母	15 克		
（或速發酵母 3 克）			

★除了奶油，所有材料先冷凍 30 分，確保麵團在攪拌時不會升溫。

I 若用不沾鍋就不需要烘焙紙，麵包底部會有奶油的焦香，酥酥香香讓人無法抗拒的一個接一個。

II 麵團除了奶油還可包芋泥、紅豆泥、卡士達等任何你想包的餡料，一盤餐包混搭不同口味也是好選擇。

POINT!

塔塔幫你畫重點

🥄 **作法**

1 牛奶和奶油之外的材料全倒入鋼盆，以中速邊攪拌邊加牛奶。同時要刮下鍋邊麵粉一起攪拌 3~4 分鐘。抓起一點麵團拉開薄膜，邊邊呈鋸齒狀就可加入奶油。換勾型棒高速攪 3~4 分鐘到麵團光滑柔軟，用手指拉出薄膜可透光，撕開邊緣是平滑狀。

2 麵團稍做整形，在玻璃容器抹點橄欖油後放入麵團，蓋上擰乾的濕布進行第一次發酵，設定 30 度發酵 60 分鐘至原體積的兩倍大（也可放室溫，觀察體積膨脹到兩倍大）。

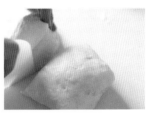

3 桌面撒一點麵粉，倒扣出發酵好的麵團，用手輕壓排氣，用刮刀整形秤重，先切割對半，再切割，共分成 8 份。

4 每一份秤重約 72 克，再以手指與手掌包覆麵團順時鐘方向滾圓，蓋上擰乾的濕布，休息 10~15 分鐘。

5 取出麵團，底部向下輕壓排氣，用排氣棍輕輕的往四邊擀平，每一邊都往中間摺進來再滾圓，底部向上輕輕按壓包進 10 克的奶油，收口捏緊。

6 用 24 公分的鑄鐵鍋鋪上一張烘焙紙，將麵團一個一個放入排好，蓋上擰乾濕布放入烤箱，進行第二次發酵。

7 設定 30 度發酵 60 分鐘直到兩倍大為止（放室溫就觀察體積膨脹到兩倍大），如喜歡餐包表面油油亮亮，此時可刷上一層橄欖油。

8 烤箱預熱到 180~190 度，麵團放入烤箱以 180 度烘烤 20~25 分鐘，烤到表面上色即可。

9 連同烘焙紙一起取出麵包放涼，完成。

10 放涼的麵包如沒有馬上吃，要用塑膠袋包起來綁緊，維持鬆軟口感。

檸檬卡士達麵包

詳細影片看這裡！

🥢 材料

已分割好的基本麵團	70 克 / 個
全脂牛奶	200ml
雞蛋（中型）	2 顆
上白糖	20~25 克
低筋麵粉	20 克
玉米粉	10 克
檸檬皮屑	1 顆

POINT!

塔塔幫你
畫重點

基本麵團製作請參考「牛奶優格吐司」
或「手揉白吐司」的影片。

🥄 作法

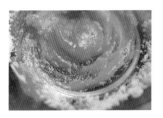

1 打 2 顆雞蛋只取蛋黃，加入上白糖攪拌到融合。

2 將低筋麵粉及玉米粉過篩加入，攪拌到無粉粒。

3 牛奶以小火煮溫，鍋邊微起泡約 60~70 度左右，即可倒入攪拌均勻，直到沒有結塊。

4 將所有食材倒回牛奶鍋以小火慢慢加熱，邊煮邊攪拌至濃稠狀即可關火，用餘溫繼續攪拌直到沒有結塊為止。

5 喜歡奶味重可混入 20 克奶油；喜歡清爽一點，可加一點檸檬皮屑，卡士達醬即完成。

6 擠花袋剪小洞裝好擠花嘴，可將擠花袋套在杯子上，用抹刀將卡士達醬裝入備用。

7 麵團底部朝上，壓扁排氣，擀麵棍從中心點往前後左右擀開，再將四邊往中間摺入，滾圓後底部朝上，重複壓扁四方擀開的步驟，把擀平的麵團放在電子秤上，擠上卡士達醬約 30 克。

8 從兩邊包起並將封口捏緊，避免烤時爆漿。

9 放到烤盤上移至烤箱設定 30 度，發酵至兩倍大（如果烤箱沒有發酵功能，請放一杯水增加濕度）。

10 發酵過的麵團由下往上均勻塗上蛋液，並以螺旋狀擠上卡士達醬做裝飾。

11 放入預熱 180 度的烤箱烤 10 分鐘，再轉 170 度烤 12~15 分鐘，直到表面上色即可取出。

口袋餅

🍴 材料

高筋麵粉	300 克
砂糖	15 克
鹽巴	4 克
速發酵母	3 克
冰水	180ml 左右（依照實際狀況作微調）
橄欖油	1 大匙（後加）

🥣 作法

1 所有材料除橄欖油外都放調理盆，筷子順時鐘方向一邊加水一邊攪拌，成麵片狀態即可。

2 用手揉成麵團，覺得黏手可適時加一點麵粉揉捏，以甩打的方式很快就打出薄膜。打得差不多時加入 1 大匙橄欖油，繼續揉捏成光滑麵團。

3 蓋上紗布，室溫發酵約 90 分鐘（要發酵到原來的兩倍大）。發酵完成在上面撒一點麵粉，可以用力一擊，麵團沒有彈回來，就表示發酵完成。

4 整形後將麵團秤重分成 5 等份，每一份大約 100 克。將分割好的麵團輕輕整成圓形，蓋上布讓麵團休息 10 分鐘。

5 將麵團底部朝上壓扁，擀成圓餅狀，前、後、左、右，各角度都擀開。翻面再擀一次盡量擀圓，放在烘焙紙上整成圓形，並靜置發酵 20 分鐘。

6 烤箱預熱至 250 度，烤 6~7 分鐘，口袋餅會像氣球一樣膨脹起來，只要烤到表面呈現焦黃即可。

7 烤好的口袋餅，稍微放涼，然後對半切成半圓形狀。

8 剪開後中間是中空的，可以抹上美乃滋或是番茄醬、包入任何喜歡的食材，就是好吃的早餐或者下午茶。

巧克力布朗尼

詳細看這影片這裡！

材料（A）

低筋麵粉	130 克
無糖可可粉	30 克
鹽巴	1 克
無鋁泡打粉	1~2 克

材料（B）

三溫糖（或砂糖）	80~100 克
常溫雞蛋	3 顆

材料（C）

54.5% 調溫苦甜巧克力	240 克
無鹽奶油	120 克

材料（D）

核桃（隨喜好）	200 克
蘭姆酒	40cc

塔塔幫你
畫重點

POINT!

I 布朗尼是一款重巧克力、重甜味的甜點，這個配方甜度比較低，想甜一點三溫糖可以加到 180 克。加入一點鹽巴可以創造味道層次，不死甜。

II 巧克力品質會影響口感，使用調溫苦甜巧克力，價格雖然略高，但做起來不會硬梆梆。

III 泡打粉可省略，不過加了口感會比較蓬鬆。

🥣 **作法**

1 準備一鍋滾水，熄火，將無鹽奶油放調理盆隔水加熱融化，再倒入調溫苦甜巧克力攪拌。

2 輕輕攪拌，直到所有巧克力融化。

3 巧克力糊加入三溫糖，繼續攪勻。

4 打入第 1 顆雞蛋，攪拌到蛋液完全融入再加入第 2 顆，重複動作直到 3 顆都加完。

5 這時候的巧克力糊已經變得很有光澤，可放點鹽巴調味。

6 將材料 A 組的粉類過篩加入，慢慢攪拌到完全均勻。

7 攪拌完成的巧克力糊會變得很黏稠，不太能流動。

8 倒入蘭姆酒，攪拌均勻後濕潤度提升了（如不加，麵粉放少一點），記得把鍋邊的巧克力糊也刮進來。

9 加入核桃輕輕攪拌，直到所有核桃粒都均勻沾上巧克力糊。

10 準備烘焙紙和烤模，紙照著烤模底部摺出四邊，並把 4 個角落剪掉（可參考影片），鋪進烤模，倒入巧克力糊，表面抹平。

11 烤箱預熱至 170 度，烤 15 分鐘，再降低到 150 度續烤 15 分。可拿牙籤戳一下，若沒沾麵糊就是熟了。

12 在網架上放涼 1 小時，橫直線各切幾刀，切成正方形小塊。（剛烤出來較甜，放一晚等味道融合，甜度會降低唷。）

玩烘焙，好療癒

水果優格馬芬

🐟 材料（A）

冰雞蛋	2 顆（小顆）
無鹽奶油	120 克
上白糖（或糖粉）	70 克（或更多）
黃檸檬汁	1/2 顆
黃檸檬皮屑	1 顆
藍莓 / 草莓 / 奇異果	適量
無糖優格	60 克
鹽巴	2 克
香草精	2~3 滴（可省略）

🐟 材料（B）

低筋麵粉	130 克
無鋁泡打粉	8 克
（喜歡口感更蓬鬆可用 10 克）	

※ 大約可做 6 個馬芬

詳細影片看這裡！

POINT!

塔塔幫你畫重點

Ⅰ 可以加任何喜歡的水果。

Ⅱ 香草精可以用蘭姆酒替代，或省略也可以。

Ⅲ 烤模有 6 連模或 12 連模，如果不打算買模具，也可以用紙杯型的杯子蛋糕模來做。

🥄 作法

1 奶油放室溫軟化，到手指壓下去就可以壓扁的狀態，加入糖。

2 電動打蛋器（垂直才好操作），先開低速，避免糖飛濺，打一下停一下，直到糖和奶油結合，才可用連續的方式打發。

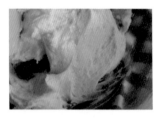

3 從低速轉中速再到高速，將調理盆旁的奶油刮下來再繼續打，朝同方向繞行，直到奶油打發至泛白，看起來像冰淇淋狀。

4 加入 1 顆冰雞蛋。一次只放 1 顆雞蛋，避免油水分離無法打到蓬鬆。

5 一開始會水水的，繼續打下去就會融合，打至蓬鬆像鮮奶油的感覺，即可再加入第 2 顆雞蛋繼續打到融合為止。

6 放入檸檬皮屑、檸檬汁、無糖優格、香草精、鹽，輕輕拌勻。

7 把低筋麵粉、泡打粉過篩分 2~3 次加入，每次篩入時，用刮刀拌到沒有看到白色就可篩入下一次的麵粉。

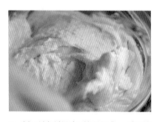

8 拌到麵糊有蓬鬆感、有黏度，如果麵糊比較水，可補一點麵粉繼續攪拌，直到成為足夠稠度的麵糊。

9 用湯匙舀 1 大匙麵糊放入模型，有人習慣用冰淇淋勺，我覺得用兩支湯匙互相刮取反而更好操作，麵糊裝完後拿起模型敲一敲讓表面平整。用其他模具或杯子蛋糕模裝也可以。

10 拿出準備好的切塊水果，依自己喜好在上面裝飾，水果可以稍微壓進麵糊但不要壓得過深，若水果烘烤出水會導致蛋糕體太過潮濕，放表面也比較美。

11 放入預熱至 180 度的烤箱，烤 25~30 分鐘，烤一半時馬芬就會澎起，烤到滿意的顏色即可，可用牙籤插入，沒有沾黏麵糊就是熟了。喜歡顏色深點就再烤 2~3 分鐘。

11 出爐稍放涼，讓馬芬定型再脫模，放在網架上風乾，放涼 30~40 分鐘等熱氣都散掉才是最佳的賞味時刻。最後裝盤，撒上檸檬皮屑、少許糖粉、薄荷葉裝飾。

檸檬優格磅蛋糕

詳細影片看這裡！

▶ 材料

無鹽奶油	100 克（室溫）	黃檸檬皮屑	1 顆
無糖優格	50 克（室溫）	檸檬汁	10 克
室溫雞蛋	2 顆	糖粉	50 克
砂糖	50 克		
低筋麵粉	110 克		
無鋁泡打粉	3 克		

POINT!

塔塔幫你
畫重點

｜黃檸檬味道溫和，綠檸檬個性鮮明，隨喜好選擇。

｜｜傳統磅蛋糕的比例是奶油、糖、麵粉要 1:1:1，放 100 克的奶油就要下 100 克的糖。這個配方調整過比例，糖減半但一樣好吃。

｜｜｜在蛋糕裡多加無糖優格，可讓原本比較乾的磅蛋糕充滿濕潤感。如果喜愛傳統磅蛋糕偏粗獷厚實口感的人，可以跳過步驟 3。

作法

1 無鹽奶油切塊、雞蛋若是冰過，泡 40 度左右的溫水 15 分鐘回溫，優格放室溫，備用。

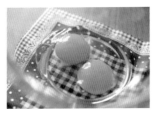

2 準備一鍋水，煮沸後關火，把耐熱容器放入溫熱約 1 分半鐘，取出後打入 2 顆雞蛋。

3 以手動打蛋器打發 2 分鐘，如有電動打蛋器打發更快，只要打到半發即可，可讓磅蛋糕的口感更為細緻。

4 奶油放入攪拌缸，加入 50 克糖（喜歡濃郁檸檬味，可先將糖與檸檬皮混合），先低速攪拌均勻再轉高速，直到泛白、蓬鬆、軟軟的狀態。

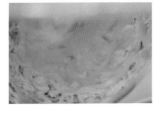

5 加入 1/3 蛋液繼續打到蛋液跟奶油結合；蛋液不能一次加完，容易油水分離，要等到蛋液吸收進去後才能邊打邊加。

6 打到軟軟澎鬆的狀態時加入剩餘蛋液繼續打發，直到蛋液完全融入。

7 將低筋麵粉及泡打粉混合（麵粉可先保留 10 克左右），分次過篩加入，輕柔的攪拌均勻。

8 麵粉要分次慢慢加入攪拌，順時鐘方向刮起底部轉上來，直到無粉粒即可。

9 準備黃檸檬屑放入麵糊中攪拌均勻，半顆檸檬汁與室溫優格加入麵糊，如果太水，加入預留的 10 克麵粉拌勻，呈現蓬鬆滑順的狀態即可。

10 南瓜型烤模內部先塗抹奶油，撒點低筋麵粉，可幫助磅蛋糕順利脫模。

11 所有麵糊倒入，敲一敲讓麵糊平均，用刮刀抹平表面。

12 烤箱預熱至 160 度烤 20 分鐘，再轉 140 度烤 30 分鐘，可用牙籤戳入中心點，沒有沾黏就是熟了。取出後先等 5 分鐘再脫模，放到網架上放涼 30 分鐘。（上述時間和溫度供參考，還是要照自家烤箱狀況調整唷！）

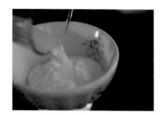

13 準備裝飾用的糖霜：糖粉 50 克加入檸檬汁 10 克，若喜歡更濃稠的糖霜，糖粉份量增加，拌均勻即可。

14 在放涼的蛋糕淋上糖霜。

15 撒綠色檸檬皮屑做點綴。

16 最後放上喜愛的水果裝飾，完成。

蘿潔塔的廚房

——100道家庭療癒料理，每天都想進廚房

作者	蘿潔塔
封面設計	張家銘
版面構成	林恒如
內頁設計	三人制創
封面攝影、P.6~P.22攝影	蕭維剛
主編	莊樹穎
行銷企劃	洪于茹
出版者	寫樂文化有限公司
創辦人	韓嵩齡、詹仁雄
發行人兼總編輯	韓嵩齡
發行業務	蕭星貞
發行地址	106 台北市大安區光復南路202號10樓之5
電話	(02) 6617-5759
傳眞	(02) 2772-2651
讀者服務信箱	soulerbook@gmail.com
總經銷	時報文化出版企業股份有限公司
公司地址	台北市和平西路三段240號5樓
電話	(02) 2306-6600

第一版第一刷 2019年6月28日
第一版第九刷 2023年10月11日
ISBN 978-986-97326-2-8

國家圖書館出版品預行編目(CIP)資料

蘿潔塔的廚房 / 蘿潔塔著. -- 第一
版. -- 臺北市：寫樂文化，2019.06
面； 公分. -- (我的檔案夾；38)
ISBN 978-986-97326-2-8(平裝)
1.食譜

427.1   108008856

FINCA·BADENES

巴狄尼絲莊園 頂級初榨橄欖油

- EXTRA VIRGIN OLIVE OIL(EVOO)中--PREMIUM 等級橄欖油

- 早摘橄欖, 維持新鮮清新風味

- 綜合Picual(皮夸爾)、Arbequina(雅貝金娜)、 Frantoio(法蘭朵), 三種橄欖的特殊風味

- 西班牙原瓶原裝進口, 全程18℃冷藏控溫來台

OZEN 真空破壁調理機

時尚精品家電・100%抗氧新革命

全球領先 一鍵啟動 智能科技

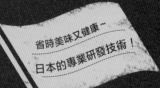